Georg Fischer

Experimentelle Studien zur therapeutischen Galvanisation

Georg Fischer

Experimentelle Studien zur therapeutischen Galvanisation

ISBN/EAN: 9783743361867

Hergestellt in Europa, USA, Kanada, Australien, Japan

Cover: Foto ©berggeist007 / pixelio.de

Manufactured and distributed by brebook publishing software
(www.brebook.com)

Georg Fischer

Experimentelle Studien zur therapeutischen Galvanisation

EXPERIMENTELLE STUDIEN

ZUR

THERAPEUTISCHEN GALVANISATION

DES

SYMPATHICUS

DER MEDICINISCHEN FACULTÄT ZU MÜNCHEN

PRO VENIA LEGENDI

VORGELEGT VON

DR. GEORG FISCHER.

MIT 2 TAFELN.

———————

LEIPZIG,
DRUCK VON J. B. HIRSCHFELD.
1875.

Wenn eine therapeutische Disciplin ausschliesslich mit physikalischen Heilmitteln arbeitet, so ist wohl von ihr am allerersten zu erwarten, dass sie auch den Einfluss dieser Agentien auf den gesunden und kranken Organismus physiologisch studire.

In der Elektrotherapie, die jedenfalls unter die erwähnte Kategorie gehört, harren eine Menge von praktisch therapeutischen Fragen noch ihrer experimentellen Lösung.

Eine der heutzutage verbreitetsten und vielgeübtesten Heilmethoden ist die Galvanisation des Sympathicus. Ich habe eine Reihe von Versuchen unternommen, um die Wirkung dieser Methode am Thier zu studiren. Was ich fand, ist wenig, aber vielleicht doch genug, um die Anregung zur Bearbeitung der einen oder der anderen Specialfrage zu geben.

Wenn auch meine Versuchsresultate an und für sich noch sehr ungenügend erscheinen, übergebe ich sie doch der Oeffentlichkeit, und bitte um die Nachsicht, die der Neuling in experimentell-physiologischen Arbeiten vielleicht von Seiten der Fachmänner hoffen dürfte.

Die erste Hälfte der Arbeit enthält eine kurze historische Uebersicht des vorliegenden pathologischen und physiologischen Materials; die Anregung zu ihr, wie überhaupt zu der ganzen Arbeit verdanke ich meinem verehrten Lehrer und früheren Chef, Herrn Professor v. Ziemssen; in den späteren Abschnitten komme ich zur Besprechung der eigenen Versuche.

Diese letzteren wurden zum grössten Theil im hiesigen physiologischen Institut unter theilweise persönlicher Leitung von Herrn

1

Professor Voit vorgenommen. Für die Blutdruckversuche an Pferden stellte mir Herr Professor Franck Material und Räumlichkeiten der Thierarzneischule zur Verfügung. Den genannten Herren, die meine Arbeit in der bereitwilligsten und aufopferndsten Weise unterstützten, sage ich hier meinen verbindlichsten Dank.

I.

Wohl den ersten Versuch, den Sympathicus am Menschen elektrisch zu reizen, machte 1859 Rudolf Wagner [1]) in Göttingen. Die Reizung, wenige Minuten nach dem Tode an einer Hingerichteten vorgenommen, bildet gleichzeitig den Uebergang von der Vivisection zum Experiment am lebenden Menschen. — Auf elektrische Reizung des Halssympathicus mit dem Rotationsapparat beobachtete Wagner langsam entstehende Oeffnung der vorher geschlossenen Augenlider. Die Pupille erweiterte sich, wurde aber bei stärkerer Reizung wieder enger. Die Erregbarkeit der Irisfasern dauerte am längsten an; in Bezug auf Wölbung und Prominenz des Bulbus wurde keine Veränderung beobachtet; die Eröffnung der Lidspalte geschah nachweisbar durch Contraction des von Heinr. Müller [2]) entdeckten glatten Lidmuskels.

Heinrich Müller [3]) selbst machte gleichfalls einen Versuch am Hingerichteten und erhielt die Eröffnung der Augenlider nicht nur bei Reizung des Halssympathicus, sondern auch nach Abtragung des M. orbicularis palpebrar. durch directe Reizung der von ihm entdeckten glatten Muskeln am unteren Augenlid. Er betont hierbei, dass die Lidöffnung nicht Wirkung des gleichfalls von ihm entdeckten Orbitalmuskels [4]) sei. Bei Thieren habe er auch nach Exstirpation dieses „Protrusor bulbi" noch Lideröffnung nach Sympathicusreizung erhalten.

Noch bevor Remak seine ersten Veröffentlichungen über die therapeutische Galvanisation des Sympathicus machte, wurde dieselbe von Gerhard [5]) praktisch angewandt.

Dieser referirt über einen Fall multipler Gehirnnervenlähmung, dessen Symptomencomplex etwa dem der Bulbärparalyse entsprach.

---

1) Zeitschr. v. Henle und Pfeufer. 3. Reihe. V. S. 331.
2) Würzburger Verhandlungen 1860. Sitzung vom 5. Febr. 1859.
3) Würzburger Verhandlungen 29. Oct. 1859.
4) ibid. 1860. Sitzung vom 30. Oct. 1858.
5) Jenaische Zeitschrift für Medicin und Naturwissenschaften 1864. Bd. I. S. 200.

Bei der Section fanden sich Capillarektasien im Pons. Anschliessend an die Krankheitsgeschichte bespricht Gerhard einen gleichen noch in Behandlung befindlichen Fall, bei dem die Sprache schon fast unverständlich war, während die anderen charakteristischen Symptome noch weniger ausgesprochen auftraten:

„Nach vielen vergeblichen Versuchen gelang es, die Sprache „auf einige Minuten verständlich zu machen, indem ein con- „stanter Strom von 22 Elementen von der Seitenfläche des „Halses zum weichen Gaumen geleitet wurde; dieser Versuch „war jedesmal erfolgreich, wenn die Pupille sich dabei erweitert „hatte."

Auch bei Gesunden hat nach Gerhard Faradisation und Galvanisation in der angegebenen Weise Pupillenerweiterung zur Folge. — Die Kathode stand dabei zwischen Unterkiefer und Sterno-cleido-mastoideus, die Anode am Gaumenbogen derselben Seite. Bei anfänglicher Galvanisation und hierauf folgender Faradisation gelang es, die Sprache auf 2—6 Stunden zu verbessern, längere Galvanisation dagegen hatte ungünstigen Einfluss. Von der Vermuthung ausgehend, dass es sich hier um eine Capillarektasie gehandelt habe, nimmt Gerhard an, dass die Galvanisation des Sympathicus tonisirend auf die erschlafften Gefässwandungen gewirkt habe, und findet auf diesem Wege die Heilwirkung leicht erklärlich.

Die Vermuthung, dass der Effect nicht Folge der Sympathicusreizung, sondern der eines anderen Gehirnnerven gewesen sei (besonders des Hypoglossus), wird dadurch unwahrscheinlich gemacht, dass eine Wirkung nur eintrat, wenn die Pupille der betreffenden Seite reagirte.

Im Jahre 1865 hielt Remak[6]) in der Charité zu Paris einen Vortrag über die Anwendung des constanten Stroms zur Behandlung der Nervenkrankheiten und stellte dabei folgenden Fall vor:

Bei einem jungen Mädchen besteht seit früher Jugend Otitis mit Suppuration, vor 3 Jahren trat eine complete Facialisparalyse der nämlichen Seite auf. Sämmtliche vom Facialis versorgten Muskeln der kranken Seite sind betheiligt, die faradische Erregbarkeit ist verschwunden und die Wangenmusculatur ist atrophirt (endurci). Der Sterno-cleido-mastoideus ist etwas verkürzt und das Kinn nach der entgegengesetzten Seite gerichtet. Am äusseren Rande des Kopfnickers finden sich geschwollene verhärtete Stränge — soit

---

6) Application du courant constant au traitement des nevroses. Leçons faites à l'hôpital de la charité. Paris 1865. ‧ p. 22.

des nerfs, soit des ganglions lymphatiques. — Die Gesichtsknochen, der Jochbogen insbesondere geschwellt und schmerzhaft bei Druck. Auch die galvanische Erregbarkeit ist vollständig erloschen, doch röthet sich die Haut unter den Elektroden.

Früher von Remak gemachte Erfahrungen lehren, dass die Erregbarkeit wiederkehrt, wenn ein galvanischer Strom mehrere Minuten lang den Halssympathicus durchfloss; man lässt also einen absteigenden Strom von 15 Elementen 3 Minuten lang einwirken. Der M. orbicularis oris und der zygomaticus reagiren jetzt wieder auf eine Stromstärke, die früher wirkungslos war. Vom Nerven aus ist jedoch keine Erregung möglich, und die Muskeln verhalten sich wie beim curarisirten Frosch: sie selbst sind erregbar, nicht aber die Nerven. — Die so herbeigeführte Rückkehr der galvanischen Erregbarkeit der Nerven ist natürlich nicht die Rückkehr der willkürlichen Erregbarkeit, aber nach wiederholter Anwendung des constanten Stroms auf den Sympathicus will Remak auch die willkürliche Erregbarkeit, d. h. die Anspruchsfähigkeit des Nerven auf Willensimpulse wieder herstellen.

Zur Erklärung dieses Vorgangs hat er zwei Hypothesen: 1) Durch die Galvanisation des Sympathicus erreicht man eine Verbesserung der Circulation in den Gesichtsmuskeln und nach Brown Séquard und Stannius ist frischer Zufluss arteriellen Blutes im Stande, fast abgestorbene Muskeln wieder zu beleben und contractionsfähig zu machen. Gleichzeitig wird die Circulation im Canalis Falopiae, in der hinteren Schädelgrube, vielleicht auch im Pons selbst, günstig beeinflusst. — Die Theorie wird dadurch gestützt, dass die Geschwulst der Gesichtsknochen sich während der Behandlung gebessert hat und fast verschwunden ist. Auf der anderen Seite glaubt Remak 2) auf Grund von Erfahrungen, die er über die Aran'sche Muskelatrophie gemacht hat, dass Fasern des Sympathicus in directem Verkehr mit Zellen des Cerebro-spinal-Organes stehen, welche Verbindungen allerdings bis jetzt weder anatomisch noch physiologisch nachgewiesen sind. Durch Vermittlung dieser Bahnen soll die Erhöhung der Erregbarkeit und mit ihr die Heilwirkung zu Stande kommen. Am 15. Tage wurde die vorgestellte Kranke geheilt entlassen. Die willkürliche Erregbarkeit war wieder erreicht und die weitere Heilung erfolgte spontan. Der Fall stehe nicht vereinzelt da, sondern diene als Beispiel einer Anzahl von Krankheiten mit lähmungsartigem und krampfhaftem Charakter, deren Grund in einer Störung der Circulation an der Gehirnbasis bestehe.

Ich habe absichtlich die Krankengeschichte Remak's so aus-

führlich mitgetheilt, weil sie für uns von einer gewissen typischen
Bedeutung ist. — Auf ihr und ähnlichen Fällen basirt die ganze
Galvanotherapie des Sympathicus, und Remak selbst, der Begründer
dieser letzteren, gibt darin in Kurzem schon die Theorie der Heilwir-
kung des Verfahrens. Wie er schon damals, stützen sich alle neueren
Ansichten über den Werth der fraglichen Heilmethode auf der einen
Seite auf vasomotorische, auf der anderen auf nervöse resp. centrale
Einflüsse, die durch die Galvanisation ausgeübt werden sollen.

Diese Theorie ward von ihrem Begründer bis zur äussersten
Consequenz durchgeführt und es kann bei dem Eifer, mit dem sich
einzelne Elektrofanatiker auf die Sympathicusfrage stürzten, nicht
auffallen, dass man die ganze Pathologie des Centralorgans, der
Gehirnnerven, des Rückenmarks, ja sogar der Psyche in den Bereich derselben zog. Dass dabei viel Paradoxes und Unerklärliches,
aber auch viel Unwahrscheinliches und offenbar Falsches mit unter-
lief, wird Niemanden befremden. Ein höchst dunkles Capitel ist z. B.
das der von Remak s. g. diplegischen Contractionen. — Ich referire
wieder Remak selbst:

Es handelt sich um einen Fall[7]) von vorzugsweise rechtsseitiger
progressiver Muskelatrophie des Vorderarms mit fast gänzlichem
Verlust der Sensibilität. Die faradische Erregbarkeit scheint verloren, auf galvanische Reizung des Medianus noch Zuckungen im
Vorderarm, aber die Reaction tritt erst auf, nachdem folgende Reizmethode angewandt wurde:

Die Anode steht am rechten Unterkieferwinkel, die Kathode
neben dem 6. Brustwirbel links. Wenn ein Strom mit 30—36 Elementen durch Aufsetzen der Kathode geschlossen wird, entsteht eine
Contraction im Bereich des linken Medianus. Zu vermeiden ist Erregung des Accessorius am Rande des Kopfnickers. Steht die Anode
links und die Kathode gleichfalls links, so erscheinen die Zuckungen
rechts, als auf der kränkeren Seite. Bei Gesunden, oder bei umgekehrter Stromrichtung ist nichts von der Erscheinung zu sehen; nur
wenn die Anode in der Gegend des Ganglion suprem. steht, entstehen die Zuckungen; die Kathode darf bis in die Lendengegend
verschoben werden und der Effect tritt doch noch auf, nicht aber,
wenn die Kathode nach oben jenseits einer gewissen Grenzlinie am
Halse angesetzt wird.

In Bezug auf die Erregbarkeit unterscheidet Remak drei Zonen,
eine cervicale, eine dorsale und eine lumbale. Die Anode muss

7) l. c. pag. 25.

immer im Bereich der ersteren stehen, die Kathode ist entweder auf einer oder auf beiden Seiten wirksam, häufig ist diese Wirkung gekreuzter Natur, manchmal findet sich keine erregbare Zone, sondern nur einzelne reizempfängliche Punkte, immer aber ist die Wirkung im Bereich der meist erkrankten Extremität am bedeutendsten. Remak nimmt an, dass, um die diplegischen Zuckungen hervorzurufen, immer zwei verschiedene Ganglien des Grenzstrangs vom Strom getroffen werden müssten. Von ihnen werde die Erregung durch die Rami communicantes auf die Ganglienzellen der grauen Substanz und von diesen auf die Vorderwurzeln übertragen. Atrophirte Muskeln, die galvanisch nicht mehr erregbar sind, sollen durch diese Behandlungsmethode ihre Erregbarkeit wiedererhalten und an Volumen zunehmen. Sind die Zuckungen nicht deutlich, so werden sie es nach Gebrauch von Strychnin. Der faradische Strom ist immer erfolglos, der galvanische hat nicht immer Erfolg, wohl aber treten hauptsächlich bei Atrophien auch Heilresultate bei Anwendung der Methode auf, wenn dieselbe auch nicht zuckungserregend gewirkt hat.

Der nächste Autor, der von ähnlichen Beobachtungen spricht, ist Fieber[8]: Die Remak'schen Befunde werden bestätigt und ergänzt. Auch Fieber findet die gekreuzte Anordnung am wirksamsten.

Unter 15 untersuchten pathologischen Fällen reagirten 6 auf die diplegische Anordnung und zwar Fälle von rheumatischer, saturniner, spinaler und apoplektischer Lähmung. Auch auf faradische Reizung treten die Zuckungen auf. Fieber 'sucht die gefundenen Thatsachen durch Thierexperimente zu erklären; inwieweit ihm das gelungen ist, werde ich unten Gelegenheit finden, zu besprechen.

Benedikt[9] führt das Phänomen der diplegischen Zuckung auf erhöhte Reflexthätigkeit zurück. Nach ihm treten ausnahmsweise bei der Reizung des Sympathicus weitverbreitete Reflexe auf. Auch bei elektrischer Reizung in der Nähe der Wirbel und der Wurzeln kommen Zuckungen vor, die durch Druck auf die betreffenden Stellen allein nicht hervorgerufen werden können, und die als Reflexe gedeutet werden müssen. Es scheint also nicht nöthig zu sein, dass gleichzeitig Sympathicus und Nervenwurzel vom Strom

---

8) Fieber, Die diplegischen Zuckungen. Berlin. Klin. Wochenschrift Bd. III. 1866. Nr. 23 ff.; auch separat, Berlin 1866.

9) Benedikt, Nervenpathologie und Elektrotherapie 1874. S. 102 ff.

getroffen wird. Jedes dieser Organe für sich allein ist schon im Stande, excitomotorisch zu wirken, wenn es elektrisch erregt wird. Im Gegensatz zu Remak und Fieber sah Benedikt die diplegische Zuckung sehr häufig und mit grösserer Intensität auftreten, wenn auch der negative Pol oberhalb des 5. Halswirbels in der Nackengegend stand. Auch bei umgekehrter Stromesrichtung, deren Wirksamkeit Remak und Fieber ganz leugnen, sah Benedikt Zuckungen auftreten. Diese haben durchweg das Eigenthümliche der Reflexzuckungen, den Charakter momentaner Erschütterungen. Sie treten hauptsächlich bei allgemein erhöhter Reflexthätigkeit auf (hierfür sprechen auch die Remak'schen Angaben über Strychninwirkung). Uebrigens fand Benedikt die diplegischen Zuckungen fast bei allen Neurosen und auch bei Gesunden. Maassgebend für die Seite, auf welcher die Zuckung auftreten soll, ist die Elektrode am Sympathicus. Benedikt nimmt an, dass durch kräftige Reizung des obersten Halsganglions Aenderungen der Blutvertheilung in der Medulla oblongata und im Pons auftreten, die die „Convulsibilität" dieser Organe vermehren. Ausserdem wäre vielleicht an eine besonders wirksame Erregung der Vorderwurzeln zu denken.

Wir sehen, dass die Angaben über Stromrichtung und Polwirkung, über faradischen und constanten Strom, über Auftreten des Phänomens an Gesunden oder nur an Kranken bei jedem einzelnen Beobachter anders lauten. Die Betheiligung des Sympathicus selbst kommt dadurch sehr in Frage und der Unbefangene wird sehr leicht geneigt sein, eine solche bei den berührten Vorgängen ganz zu bestreiten, und sich auf Seite der von Benedikt schon betonten Reflextheorie zu stellen. Ich werde weiter unten noch einmal auf die Frage zurückkommen und fahre in der Geschichte der Sympathicusgalvanisation fort:

Flies[10] behandelt Fälle von nervösem Herzklopfen durch Galvanisation des Vagus am Hals. Der Sympathicus kommt nach ihm bei dieser Applicationsweise nicht in Betracht, weil er tiefer liegt und weniger erregbar ist als der Vagus. Nach der Behandlung sah Flies Besserung auftreten, bei Gesunden war dagegen kein Einfluss auf die Herzthätigkeit zu beobachten. Der angewandte Strom war der constante.

Die ersten systematisch angestellten Versuche am Menschen, die auch schon der Brenner'schen Lehre von der differenten Polwirkung und dem Pflüger'schen Zuckungsgesetz Rechnung tragen, verdanken

---

10) Flies, Berlin. Klin. Wochenschrift Bd. II. 1865. Nr. 26.

wir Eulenburg und Schmidt.[11]) Die Anode stand auf dem
Manubrium sterni, die Kathode in der Gegend des Ganglion cervicale supremum. Bei einer Stromstärke von 20—40 El. beobachtete
man bei Schluss der Kette minimale Erweiterung der Pupille, während der Stromdauer wieder allmähliche Verengerung. Oefters tritt
die Erscheinung erst bei secundärer Erregbarkeit (E. II. Brenner)
auf. Die Pupillenerweiterung ist kaum objectiv zu beobachten und
wird subjectiv durch die Versuchsperson selbst mit Hülfe des Giraud-
Teulon'schen Pupilloskops constatirt. Stromöffnung hat ganz inconstante Erfolge. Bei sehr starken Strömen besteht auch während
der Dauer und nach der Oeffnung anhaltende Mydriasis. Bei umgekehrter Stromrichtung werden die Erscheinungen undeutlich; wird
die Elektrode vom Ganglion suprem. weggerückt, so verschwinden
sie ganz; bei gleichzeitiger Application an den Unterkieferwinkeln
treten sie auf der Seite der Kathode stärker hervor. Die Pulsfrequenz sinkt nach längerer Einwirkung des Stroms um 4—16
Schläge in der Minute, der Blutdruck in den beiden Carotiden wird
geringer, die arterielle Spannung nimmt ab. Mit dem Marey'schen
Sphygmographen beobachtet man Schrägerwerden der Ascensionslinie, statt der Gipfelzacke entsteht ein flaches Plateau, die secun-
däre Erhebung wird stärker. Aehnliches beobachtet man an der
Radialis und werden diese Befunde auf die Vagus- und Sympathi-
cus-Wirkung zurückgeführt. Bei Galvanisation des Plexus brachialis
wird die Pulszahl gleichfalls herabgesetzt, die Radialis-Curve zeigt
dann genau das Verhalten der von der Carotis während der Sympathicusgalvanisation gewonnenen. Abnahme der Pulsfrequenz tritt
gleichfalls ein bei symmetrischer Application beider Pole am Ganglion
cervicale, bei Galvanisation längs der Wirbelsäule, die Pulscurve er-
fährt hierbei aber keine Alteration. Bei elektrocutaner Reizung an
entfernten Körperstellen beobachtete man zuerst Beschleunigung,
dann Herabsetzung der Herzarbeit an der Radialiscurve. Alle diese
Erscheinungen resultiren nach der Annahme von Eulenburg und
Schmidt aus einem allgemeinen und einem localen Factor, der
Wirkung des Vagus aufs Herz und des Sympathicus auf das vasomotorische Nervensystem. Die Vagi würden zum Theil reflectorisch
erregt, denn gegen eine Annahme directer Erregung der Vagi
sprächen die Versuche von v. Bezold und Landois.

Gleichzeitig mit Eulenburg und Schmidt machten Landois
und Mosler[12]) Beobachtungen an einem Fall von Morb. Basedowii.

11) Eulenburg und Schmidt, Centralblatt 1868. Nr. 21.
12) Landois und Mosler, Centralblatt 1868. Nr. 33.

Wenn auch das regelmässig doppelseitige Auftreten dieser Affection und die Coincidenz von Reizungs- und Lähmungszuständen mir entschieden dafür zu sprechen scheint, dass wir es bei der fraglichen Erkrankung nicht mit einer primären Affection des Grenzstrangs, sondern mit einer solchen des Halsmarkes zu thun haben, und dass also die Galvanisation des Sympathicus am Halse nur von untergeordneter therapeutischer Bedeutung sein wird, so hat die Sympathicustherapie, wie sie bei Morb. Basedowii angewandt wurde, doch einige für die Lehre von der Sympathicuswirkung wichtige Resultate gehabt.

So beobachteten L a n d o i s und M o s l e r in ihrem Fall einen entschiedenen Einfluss der Galvanisation auf die vasomotorischen Vorgänge, keinen jedoch auf die Pupille. Ein Pupilloskop wurde nicht angewandt. Auf die durch den erwähnten Fall veranlassten Thierversuche komme ich unten zurück.

Ein von M o r i t z M e y e r [13]) in der Berliner medicinischen Gesellschaft gehaltener Vortrag verbreitet sich hauptsächlich über folgende Punkte:

Der Sympathicus ist vom Strom erreichbar, und die am Lebenden erzielten Erscheinungen der galvanischen Sympathicusreizung stimmen mit dem physiologischen Experiment überein. Bei Ansetzung der einen Elektrode in der Mundhöhle, der anderen aussen ihr gegenüber am Unterkieferwinkel und bei Einwirkung eines constanten Stroms erhielt M e y e r Erweiterung und abnorme Beweglichkeit der Pupille. Stand der eine Pol in der Gegend des Ganglion supremum, der andere in der des letzten Hals- oder ersten Brustwirbels, so stieg die Temperatur in dem betreffenden Arme. In zwei pathologischen Fällen, die erzählt werden, war eine solche rasche günstige Wirkung des galvanischen Stromes auf den Sympathicus resp. die Blutvertheilung nicht zu verkennen. Der erste war ein Fall von abnormer Röthe und Hitze der einen Gesichtshälfte mit Ohrensausen, der zweite ein solcher von localer Anämie und Anidrosis des einen Armes. Beide sich diametral entgegenstehenden Symptomencomplexe wurden durch die nämliche Methode und mit Erfolg behandelt. Die Wirkung der Sympathicusgalvanisation auf apoplektisch gelähmte Extremitäten erklärt sich vasomotorisch, bei progressiver Muskelatrophie, Bleilähmung, Arthritis nodosa, Spasmen, Neuralgien wird ein directer Einfluss vasomotorischer Fasern auf motorische Nerven angenommen. Das seltene Auftreten von Pupillenerscheinungen findet seine Erklärung in der nicht genügenden Stromstärke.

13) M o r i t z M e y e r, Berlin. Klin. Wochenschrift 1868. Nr. 23.

In einem zweiten [14]), 1870 gehaltenen Vortrag erklärt Meyer, die Wirkung der Sympathicusgalvanisation sei durch physiologische Experimente nicht erklärbar und beruhe nicht nur auf vasomotorischen Einflüssen. Bei der Anordnung, dass die Kathode auf dem Ganglion supremum, die Anode gegenüber auf dem Processus transvers. des VII. Halswirbels steht, lässt Meyer den Strom von 12 bis 18 Elem. 5—10 Minuten lang einwirken, hierauf findet er: 1) Subjectiv und objectiv nachweisbare Steigerung der Temperatur des Armes, der der Kathode entsprach. 2) Sichtbare Schweisssecretion an der entsprechenden Hand. 3) Nachlass des vorher bestehenden pathologischen Zustandes (Krampf, Schmerz) und Gefühl von Erleichterung in der Hand. Die drei nachträglich noch referirten Krankengeschichten betreffen ein Mal Arthritis nodosa und zwei Mal Beschäftigungsneurosen (Krampf durch weibliche Handarbeiten und Schmerzhaftigkeit im kleinen Finger durch Violaspielen verursacht).

In einer Reihe casuistischer Mittheilungen, die Chvostek [15]) über die Pathologie und Therapie des Morb. Basedowii gibt, finden sich einige Notizen über die Wirkung der bei allen Fällen consequent durchgeführten Sympathicusgalvanisation. Die Applicationsweise war die jetzt wohl von den meisten Elektrotherapeuten angenommene — der eine Pol am Unterkieferwinkel, der andere am Sternalursprung des Kopfnickers. Zurückgehen der Struma und Kleinerwerden des Bulbus wurde häufig beobachtet, ob aber beide Erscheinungen auf eine galvanotonische Contraction gelähmter Gefässe zurückzuführen sind, scheint Chvostek zu bezweifeln, er intendirt mehr eine katalytische Behandlung der Struma. Auffallend häufig sind die Remak-Fieber'schen diplegischen Contractionen erwähnt. Das subjective Gefühl von Herzklopfen und Carotidenpochen, ebenso das objectiv wahrzunehmende Schwirren in den Halsvenen, ferner die Pulsfrequenz wird durch die elektrische Behandlung am Hals bald vermehrt, bald vermindert, jedoch niemals mit der Regelmässigkeit, dass man hierauf sichere Schlüsse bauen könnte. Die Frage, ob bei der angewandten Methode nicht vasomotorische Centren reflectorisch angeregt würden, wird vom Verfasser als sehr berechtigt hingestellt.

Eine streng sich in der Theorie der Brenner'schen polaren Methode bewegende Elektrotherapie des Sympathicus bei der Hemikranie gibt Holst. [16]) Bekanntlich unterscheidet man zweierlei Formen

14) Moritz Meyer, Berlin. Klin. Wochenschrift 1870. Nr. 22.
15) Chvostek, Wiener medicin. Presse 1869. Nr. 40 ff.
16) Holst, Ueber das Wesen der Hemikranie und ihre elektrotherapeutische Behandlung nach der polaren Methode. Dorpater med. Zeitschrift 1871. Bd. II.

- 11 -

dieser ausserordentlich verbreiteten und bis jetzt meist erfolglos be-
kämpften Affection: die von du Bois-Reymond[17]) an sich selbst
studirte Hemicrania sympathico-tonica und die zuerst von Möllendorf[18]) ausführlich und ausgezeichnet beschriebene Hemicrania neuroparalytica. Die erste Form beruht auf Krampf, die zweite auf Lähmung sympathischer Fasern, dem entsprechend bei der ersten Form
Pupillenerweiterung, Protrusion des Bulbus, Blässe der afficirten Gesichtshälfte, erniedrigte Temperatur im Gehörgang, hartes, strang-
artiges Anfühlen der Temporalarterie, Gefühl von Kälte in der
kranken Kopfhälfte. Bei der neuroparalytischen Form die Zeichen
von Sympathicuslähmung: Enge Pupille, eingesunkenes Auge, ge-
röthetes Gesicht und eben solche Conjunctiva, geschwellte, stark
pulsirende Arterien, erhöhte Temperatur im Gehörgang. Beide
Formen haben für den Patienten den gleichen Schmerz in ihrem
Gefolge und schon dies spricht dafür, dass der hemikranische Schmerz
nicht analog dem bei Wadenkrampf und dem bei Uteruscontractionen
entstehenden Wehenschmerz in der Muscularis der spastisch contrahirten Arterien entstehe. Die Alteration in der Blutfüllung des
Gehirns, das Mehr oder Minder an Sauerstoff oder Kohlensäure, die
momentane Anämie oder Hyperämie einzelner Bezirke (Eulenburg
und Guttmann[19])) scheinen eher für die Erregung sensibler Nerven
der Gehirnhäute verantwortlich zu sein.

Jedenfalls — wir mögen über die Genese des Schmerzes, sowie
über die stricte Differenzirung beider Migräneformen und ihre Ueber-
gänge denken was wir wollen — ist uns der überaus lästige Schmerz
immer eine dringende Indicatio symptomatica.

Gegen ihn, mag er nun sympathisch-tonischer oder neuropara-
lytischer Natur sein, hat Holst nach Brenner's polarer Methode
in dem constanten Strom eine zweischneidige Waffe gefunden.

Der galvanische Strom kann ebensogut krampferregend, als
krampfvermindernd wirken. Nach Holst ist die Migräne eine vasomotorische Neurose, deren Sitz sich im Halstheil des Sympathicus
oder im Cervicaltheil des Rückenmarks befindet. Die Neurose besteht in abnormer Erregbarkeit der Nervenelemente. In Folge
hiervon geräth die betreffende Gefässmusculatur sehr leicht in Contraction, die zum tonischen Krampf werden kann, oder es erfolgt

---

17) Du Bois-Reymond, Zur Kenntniss der Hemikranie. Arch. f. Anatom.
und Physiol. 1860. S. 461 ff.
18) Möllendorf, Virch. Arch. XLI. S. 385.
19) Eulenburg und Guttmann, Die Pathologie des Sympathicus. S. 24.

eine kurze Contraction und dann dauernde Parese. Dieser Auffassung des Wesens der Hemikranie dürften wohl alle neueren Beobachter sich anschliessen. Bei der sympathisch-tonischen Form applicirt nun Holst die Anode über das Ganglion supremum, mit der „indifferenten" Kathode wird in der Hohlhand der Strom geschlossen. Nach der Brenner'schen Theorie der polaren Wirkung erhält man so durch den bei Schluss und Stromdauer auftretenden Anelectrotonus Herabsetzung der Erregbarkeit des kranken Nerven, der Krampf wird aufgehoben, der Kopf röthet sich, das Ohr wird wärmer. Bei plötzlicher Stromöffnung waren diese Effecte von kurzer Dauer, denn bei Anoden-Oeffnung entsteht im Bereich der Anode die positive Phase des Electrotonus, also Steigen der Erregbarkeit. Vermieden wird diese unerwünschte Wirkung durch das Brenner'sche „Ausschleichen" mit Zuhülfenahme eines fein graduirten Rheostaten. Tritt bei der Anodenschliessung Schliessungsschwindel auf, so kann dieser ebenso durch „Einschleichen" vermieden werden. Bei Hemicrania neuroparalytica kommt die Kathode über den Nerven, die Anode indifferent in die Hand. Der Strom wird mehrfach geschlossen und geöffnet; sowohl bei Kathoden-Schliessung als während der Stromdauer entsteht Erregbarkeit-erhöhender Katelectrotonus. Auch Volta'sche Alternationen wirken im hohen Grade erregend und erregbarkeiterhöhend auf den Nerven. Nach Brenner's Methode der polaren Galvanisation wären somit die Indicationen für die Anwendung des constanten Stromes auf den Sympathicus streng gegeben. Bei Reizungserscheinungen Anodenbehandlung und Ausschleichen, bei Lähmungserscheinungen Kathode, Stromunterbrechungen und Volta'sche Alternationen. Leider sind die therapeutischen Erfolge nicht ebenso exact, wie die theoretischen Indicationen. Die Frage, ob es überhaupt möglich ist, einen Nerven lediglich unter die Einflüsse eines „differenten" Pols zu bringen, ist noch nicht zur Genüge beantwortet und ihre Besprechung, die mit einer Kritik der ganzen Brenner'schen Elektrotherapie zusammenfiele, würde uns zu weit von unserem Thema abführen.

In der Abhandlung von Beard und Rockwell[20]) findet sich eine Zusammenstellung der Indicationen und der Wirkungen der Sympathicus-Galvanisation. Nach den Angaben dieser Autoren treten die Reizeffecte bei dem genannten Verfahren nicht so an den Tag, wie beim physiologischen Experiment wegen des eingeschalteten

---

20) Beard und Rockwell, Abhandlung über die medicin. und chirurg. Verwerthnng der Elektricität. Deutsch von Väter. S. 231 ff.

Hautwiderstandes und wegen der unvermeidlichen gleichzeitigen Reizung anderer Organe (Vagus, Rückenmark). Die therapeutischen Ergebnisse beweisen jedoch, dass eine Einwirkung des Stromes auf den Sympathicus wirklich besteht. Bei angestellten eigenen Versuchen wandten B e a r d und R o c k w e l l 10—25 Stöhrers oder Smees an und fanden: Leichtes Gefühl von Schläfrigkeit während oder nach der Sitzung, oft kaum bemerkbar, manchmal sehr deutlich ausgesprochen, begründet durch verminderten Blutzufluss zum Gehirn. (H a m m o n d — bei B e a r d und R o c k w e l l ohne Quellenangabe citirt — erhielt Contraction der Gehirngefässe bei Galvanisation des Sympathicus.) Mit dem Augenspiegel wurde bald Hyperämie, bald Anämie der Retina während der Galvanisation beobachtet. Die citirten Befunde amerikanischer Beobachter (R o o s a, L o v i n g, H a c k - l e y) haben keine übereinstimmenden Resultate. Längere Faradisation hat nur ganz unbedeutende Injection der Netzhautgefässe zur Folge. Während der Stromdauer tritt ferner vermehrtes Wärmegefühl durch den ganzen Körper auf, Schweisse in verschiedener Ausdehnung und Intensität, häufig Pulsverlangsamung, öfters auch Beschleunigung, der Sphygmograph wurde nicht gebraucht. Ueber pupilläre Symptome, die bei anderen Untersuchungen eine Hauptrolle spielen, finden sich nur ganz unbestimmte Angaben. In einem Falle von Muskelatrophie der Hand wurde diese während der Sympathicusgalvanisation wärmer, das Gesicht geröthet, der vorher 82 betragende Puls auf 130 Schläge in der Minute erhöht (!). Als Indicationen für die besprochene Heilmethode werden aufgestellt: Lähmungen des Sympathicus selbst, abnorme Reizbarkeit desselben (erkannt durch die Wirkung der diplegischen Anordnung), Hysterie, Tabes, Bleivergiftung, Muskelatrophie, Spinalirritation, Gehirnhyperämie, Schlaflosigkeit, Hemiplegie (sic!), Tic douloureux, Neuroretinitis, Acusticuserkrankungen, Ohrensausen, Circulationsstörung in Folge vasomotorischer Erkrankung, cutane Anästhesien und Hyperästhesien, functionelle Störungen des Verdauungs- und Geschlechtsapparates. — Gewiss eine reichhaltige Musterkarte!

B e a r d und R o c k w e l l sind so recht die Repräsentanten einer modernen Richtung, die, fussend auf den Lehren R e m a k's, die Sympathicusgalvanisation fast als Universalmittel gegen alle Leiden der Menschheit betrachtet. Besonders vertreten sie auch die weitverbreitete Ansicht, dass es möglich sein sollte, durch den Halssympathicus nicht nur auf die Circulation im Schädel, sondern auch auf das Rückenmark, die Brust- und Bauchorgane zu wirken. Physiologisch ist nur das Erstere bewiesen und dieses nur annähernd,

da es nicht gestattet sein wird, die noch dazu theilweise zweifel-
haften Resultate physiologischer Thierversuche auf den menschlichen
Organismus zu übertragen. Bevor wir eine genaue Anatomie und
Physiologie der vasomotorischen Nerven für die verschiedenen Or-
gane besitzen, sind therapeutische Schlüsse, wie sie in der neueren
Zeit oft gewagt werden, nur durch eine zum Mindesten zweifelhafte
Empirie gestützt und entbehren jeder eigentlich wissenschaftlichen
Grundlage. Ein geordnetes Referat über die angedeuteten Heilbe-
strebungen zu geben, sei mir deshalb erlassen.

Den Schluss dieser kurzen historischen Uebersicht möge die
Mittheilung der Ansichten eines der Hauptvertreter der Sympathicusgalvanisation bilden, Benedikt's, der sich selbst in Bezug auf die
Angriffe, die er wegen dieser erdulden musste, den Erben und
Nachfolger Remak's nennt. — Benedikt's Erklärung der diplegischen Zuckungen habe ich oben schon mitgetheilt, es bleibt nur
noch übrig, seine Ansichten über den Heilwerth der Sympathicusgalvanisation an der Hand seines Lehrbuchs zu referiren.

Die am Thier experimentell zu erzielenden Folgen kommen
bei lebenden Menschen nach Benedikt[21]) deshalb nicht zu Stande,
weil man es nicht mit dem durchschnittenen, sondern mit dem bi-
lateral leitenden Nerven zu thun hat, und weil man am Menschen
nicht beliebig starke Ströme wählen kann. Die Reizwirkungen seien
übrigens den Heilwirkungen nicht proportional. Die Applicationsweise ist die [22]), dass der Kupferpol (A) über dem Manubrium sterni,
der Zinkpol (K) unter dem Winkel des Unterkiefers angesetzt wird.
Auch die besondere Berücksichtigung des Ganglion secund. dürfte
vielfach angezeigt sein. Uebt man mit den Elektroden einen leichten
Druck, so spürt man bald ein stärkeres Pulsiren der Carotis. Es
werden entweder beide Sympathici galvanisirt, oder nur jener, der
sich durch besondere Empfindlichkeit gegen Druck oder bei der
Reizung auszeichnet. Auch die Faradisation wurde angewandt. Bei
cerebralen, vorzugsweise bei neuralgischen Symptomen, beim Vertigo,
bei der Neuroretinitis symptomatica wirkt die Galvanisation meist
momentan und so günstig, dass diese Thatsache nicht geleugnet
werden kann. Der Grenzstrang wird zweifellos gereizt, zweifelhaft
kann sein, welche Effecte auf Rechnung der Sympathicusreizung zu
setzen sind. Die letztere ist unter Umständen im Stande, energische

---

21) Benedikt, Neuropathologie und Elektrotherapie 1874. 2. Auflage.
S. 132 ff.   22) l. c. S. 116.

Gehirnreizung hervorzurufen, namentlich bei Congestivzuständen; die
Wirkung wird vasomotorisch erklärt: „Das Gehirn ist so gesund wie
seine Gefässe und functionirt so normal, wie seine vasomotorischen
Nerven". — Am eclatantesten wirkt die Sympathicusgalvanisation
in Fällen, wo die Erscheinungen allgemeiner oder partieller vasomotorischer Lähmung vorhanden sind, als Symptom von Sympathicuslähmung, Hysterie, progressiver Muskelatrophie, Epilepsie. In
diesen Fällen bringt man die Erscheinungen oft sehr rasch durch
galvanische oder faradische Reizung zum Verschwinden.

Dass bei verschiedenem Sitze der Erkrankung und bei verschie-
denster Art der Symptome durch die gleiche Reizmethode Besserung
erzielt werden soll, wird durch die Hypothese erklärt, dass die we-
sentlichen Veränderungen bei der Galvanisation blos in den kranken
Fasern eines Nerven auftreten. Auch durch das schon erwähnte
Erscheinen stärkerer Pulsationen an der Carotis könnte die Circulation verändert, und dadurch Heilresultate herbeigeführt werden. Die
meisten Erfolge erklären sich aber bei der grossen Abhängigkeit der
Gehirnfunctionen von den Circulationsverhältnissen durch die Einwirkung des Sympathicus, aus dessen Fasermenge „nach einem allgemeinen Gesetz" der galvanische Strom vorwaltend auf die kranken
Nervenelemente dauernd verändernd wirken soll. Bekannt ist
die von Benedikt gemachte Beobachtung, dass bei cerebralen
Lähmungen häufig vermehrte Motilität der gelähmten Extremität
auftritt, wenn vorher der Sympathicus galvanisirt wurde. Die auffallende Erscheinung wurde von mir mehrfach im Benedikt'schen
Ambulatorium gesehen, hauptsächlich in der Form, dass z. B. bei
Apoplektikern, die in der Besserung begriffen waren und die unvoll-
ständige Herrschaft über ihre gelähmten Extremitäten wieder erreicht
hatten, diese vollständig wurde, nachdem die besprochene Galvanisationsmethode eingeleitet worden war, dass z. B. ein Arm vor der
Galvanisation nur bis zur Horizontalen, nach dieser bis zur Verti-
calen erhoben werden konnte.

In den Benedikt'schen Abhandlungen über die einzelnen
Nervenkrankheiten, wie er sie seiner reichen Casuistik vorausschickt,
finden sich die einzelnen Indicationen für die Anwendung der Sympathicusgalvanisation. Anzuführen wären: cerebrale und excentrische
Neuralgien[23]), Tic douloureux, der in recenten Fällen durch eine
bis 2 Sitzungen gehoben werden soll[24]), und für den überhaupt die
Sympathicusgalvanisation das Specificum ist, — Migräne.[25]) — Bei

---

23) l. c. S. 177.   24) l. c. S. 180.   25) l. c. S. 184.

dieser erwähnt Bene dikt, dass es sehr schwierig ist, während des Anfalls zu galvanisiren, da die Kranken leicht mit Ohnmacht reagiren. Holst hat gerade bei Migraine den Anfall häufig durch galvanische Behandlung coupirt oder erleichtert. Im Gegensatz zu ihm und im Anschluss an Benedikt lehren mich eigene Erfahrungen, dass Migrainekranke während des Anfalls ausserordentlich empfindlich gegen den Strom sind. Wenn ich auch nachtheilige cerebrale Erscheinungen als Folge des therapeutischen Eingriffes nicht beobachtete, so scheiterte meine Behandlung während des Anfalls doch, auch bei Anwendung der Holst-Brenner'schen Cautelen, als Ein- und Ausschleichen, an der grossen Sensibilität der Kranken, die stärkere und therapeutisch wirksame Ströme verbot.

Bei allen Formen von Kopfschmerz[26]) ist die Sympathicusgalvanisation zu versuchen. Ein grosses Contingent der einschlägigen Fälle stellt ferner die Arthritis[27]) und die auf ihr beruhenden Neuralgien. Von den motorischen Reizungserscheinungen kommt hauptsächlich der Tic convulsif[28]) in Betracht, der auch von Althaus nach der nämlichen Methode behandelt wird. Die Erfolge bei Paralysis agitans[29]) sind höchst zweifelhaft. Die cerebralen und peripherischen Lähmungen der Gehirnnerven, apoplektische Hemiplegien, Herderkrankungen innerhalb des Schädels, der Morb. Basedowii, die Neuroretinitis u. s. w. gehören selbstverständlich zu den Objecten der Sympathicusbehandlung.

Nach dieser Darstellung der vorliegenden therapeutischen Thatsachen und Theorien will ich versuchen, das vorhandene experimentellphysiologische Material und die aus demselben zu gewinnenden Folgerungen zusammenzustellen.

II.

Dass der Sympathicus am Menschen von dem theurapeutisch angewandten elektrischen Strom wirklich getroffen werden kann, wurde 1870 von Burckhardt[30]) experimentell an der Leiche bewiesen. Die Methode war die auch zu einer Reihe ähnlicher Untersuchungen angewandte: Die Elektroden wurden entsprechend der üblichen therapeutischen Anordnung am Halse angesetzt, der Nerv

---

26) l. c. S. 186.   27) l. c. S. 189.   28) l. c. p. 250.   29) l. c. S. 262.
30) Burckhardt, Ueber die polare Methode. Arch. Bd. VIII. S. 100.

von hinten mit Umgehung der Querfortsätze der Halswirbel aufgesucht und eine Strecke desselben durch eingestossene isolirte Nadeln mit dem Galvanometer verbunden. Wenn der Hauptstrom geschlossen wurde, ergab sich Nadelablenkung an der Boussole. Erst mit diesen Untersuchungen schuf B u r c k h a r d t eine reelle Basis für alle weiteren Versuche, elektrotherapeutisch auf den Sympathicus einzuwirken.

Die Functionen des Sympathicus, wie sie durch das physiologische Experiment gelehrt werden, sind zu bekannt, als dass eine Darstellung der einschlägigen historischen Daten und der einzelnen experimentellen Thatsachen hier noch nöthig wäre. Als Grundlage aller therapeutischen Bestrebungen und aller weiteren experimentellen Untersuchungen sei nur recapitulirt:

1) Man erhält bei Durchschneidung des Halssympathicus am Thier: Verengerung der Pupille, Herabhängen des Augenlids und der Nickhaut, Einsinken des Bulbus in die Orbita. Injection der Conjunctiva. Erweiterung und stärkere Füllung de Ohrgefässe.

2) Bei elektrischer Reizung des oberen (Kopfendes, aber nicht centralen, sondern peripherischen Theils — das Centrum des Sympathicus liegt in der Medulla —) Stückes des durchschnittenen Nerven: Erweiterung der Pupille, Vorwölbung der Cornea und des Bulbus, Verengerung der Ohrgefässe (Beschleunigung der Herzthätigkeit bei Reizung des unteren Stückes des Nerven — aber nicht constant).

Ueber den Einfluss, den die Sympathicusfasern beim Thier auf die Gefässe der Pia haben, sind die Untersuchungen noch nicht geschlossen. Es scheinen hier sehr bedeutende Differenzen je nach Species und sogar nach einzelnen Individuen vorzukommen. Wir werden weiter unten noch Gelegenheit haben, dieses Thema zu besprechen.

Beim Menschen sind die meisten der angeführten Functionen des Halssympathicus durch das klinische Experiment und die Krankenbeobachtung nachgewiesen. Die Existenz oculopupillärer Fasern, deren Reizung Erweiterung der Pupille zur Folge hat, wurde durch die von H e i n r. M ü l l e r und R u d. W a g n e r an Enthaupteten angestellten Versuche bewiesen. Die Erweiterung oder Verengerung der Pupille gehört ausserdem zu den am zahlreichsten beobachteten Symptomen pathologischer Innervationsstörungen im Centrum ciliospinale oder im Halssympathicus. Das Verhalten der Pupille bei der Hemikranie ist bekannt. Je nachdem Reizungs- oder Lähmungserscheinungen im Bereich der vasomotorischen Fasern vorhanden sind, beobachtet man hier in zahlreichen Fällen Mydriasis oder Myosis. In einer Zusammenstellung von klinisch beobachteten

Fällen von Sympathicuserkrankung aus irgend welchen Ursachen, deren Material das bekannte Eulenburg-Guttmann'sche [31]) Werk und einige seit dessen Erscheinen veröffentlichte Fälle geliefert haben, findet sich unter 29 Beobachtungen, bei denen sämmtlich ein anatomischer Grund der Innervationsstörung nachzuweisen war, nur zweimal keine Alteration der Pupillenweite.

In seiner Abhandlung über Sympathicuslähmung gibt Nicati [32]) an, dass Myosis niemals bei den beobachteten Fällen fehle; allerdings bestand niemals eine complete Lähmung der pupillären Fasern, die Iris reagirte noch auf viele Reize, aber langsamer als normal (Licht, Accommodation, Respiration). Auf Atropin dehnte sich die gesunde Pupille rasch, die gelähmte langsam und unregelmässig aus. Calabar verengerte noch mehr. Bei gleichen Dosen war dann die Myosis auf dem gelähmten Auge stärker.

In einer von Bärwinkel [33]) kürzlich publicirten casuistischen Arbeit über die Lähmung des Sympathicus findet sich als Symptom derselben in 8 Fällen sechsmal paralytische Ptosis verzeichnet. Auch in der von Eulenburg und Guttmann gegebenen Uebersicht über das vorhandene casuistische Material der erwähnten Lähmung findet sich mehrfach das Herabhängen des Augenlids und das Eingesunkensein des Auges notirt. Die Müller'schen glatten, vom Sympathicus innervirten Lidfasern, die auch am Hingerichteten experimentell nachgewiesen wurden, nehmen bei diesen Fällen jedenfalls an der Lähmung Theil. Nach Nicati findet sich auch hier und da Lähmung der Müller'schen Fasern des unteren Augenlides. Complet ist nach ihm die Ptosis nie, und das Augenlid ist immer noch zu Bewegungen fähig.

Zurücksinken des Bulbus wird von Eulenburg und Guttmann dreimal notirt, immer mit anderen Lähmungserscheinungen verbunden. Bärwinkel erwähnt das Symptom viermal unter acht Fällen sympathischer Lähmung. Als Ursache desselben ist wohl in erster Linie neben Alterationen der Blutvertheilung und der Ernährung die Lähmung der Müller'schen glatten Orbitalmuskeln zu denken. Auch Nicati führt das Symptom an.

---

31) Eulenburg und Guttmann, Die Pathologie des Sympathicus auf physiologischen Grundlagen. Berlin 1873.

32) Nicati, La paralysie du nerf Sympathique cervical. Lausanne 1873 (Thèse).

33) Bärwinkel, Neuropathologische Beiträge. Deutsch. Arch. f. klin. Medic. Bd. XIV. 1874. S. 545.

Auf der anderen Seite ist der Basedow'sche Exophthalmus
gewiss als ein Symptom aufzufassen, das vom Sympathicus ausgeht,
wenn auch die Frage, ob Lähmungs- oder Reizungszustand, vorläufig
noch nicht mit Sicherheit entschieden ist. [34])

Dass die Muscularis der äusseren Gesichts- und Kopfarterien
auch beim Menschen unter dem Einfluss von Fasern steht, die aus
dem Sympathicus kommen, ist ebenfalls durch pathologische Befunde
wahrscheinlich gemacht: Bei der Hemikranie, dieser unzweifelhaften
Neurose im Gebiet des Halssympathicus, finden sich je nach dem
Charakter des einzelnen Falles die verschiedensten Füllungs- und
Spannungszustände dieser Arterien und neben den Erscheinungen
an der Pupille waren sie es hauptsächlich, die du Bois-Reymond
zur Annahme der Hemikrania sympathico-tonica veranlassten. Bei
Lähmungen des Sympathicus in Folge von Traumen oder Compression finden wir häufig stärkere Röthung der betreffenden Gesichtshälfte, Injection der Conjunctiva, Steigerung der Temperatur im Ohr
verzeichnet. Auch die vermehrte Secretion von Schweiss- und
Thränenflüssigkeit, die öfter beobachtet wurde, ist auf die stärkere
Blutfüllung der Gefässe zurückzuführen. Auf der anderen Seite
wären die Fälle von Anidrosis unilateralis, von einseitig herabgesetzter Temperatur zu erwähnen, die bei gleichzeitig bestehender
Mydriasis auf einen Reizzustand im Bereich des Halssympathicus
schliessen lassen. Nach Nicati bieten auch die Gefässe der Netzhaut ähnliche Abnormitäten und als Folge vermehrten Blutzuflusses
zur Nasenschleimhaut wurde Epistaxis beobachtet (Horner [35]).

Für die Einwirkung des menschlichen Sympathicus auf die Herzthätigkeit gibt es weniger plausible Beweise aus der Pathologie.
Der Morb. Basedowii, bei dem eine abnorme Frequenz der Herzthätigkeit gleichzeitig mit anderen sympathischen Reizzuständen vor-
kommt, die Angina pectoris vasomotoria [36]), die allem Anschein nach
mit Recht unter die sympathischen Neurosen eingereiht wird, dürften, wenn das Wesen dieser Affectionen etwas besser aufgeklärt ist,
als es bis jetzt der Fall, vielleicht Anhaltspunkte in dieser Beziehung
an die Hand geben.

Wie beim Thiere, so ist auch beim Menschen die Frage, auf
welchen Bahnen die Gefässe des Gehirns und seiner Häute innervirt
werden, noch eine offene. Jedenfalls ist ihre Blutfüllung nicht un-

34) cf. Eulenburg und Guttmann S. 102 ff.
35) Horner citirt bei Nicati.
36) Eulenburg und Guttmann S. 102 ff.

abhängig vom Sympathicus. — Wenn nämlich auch kein directer
Einfluss auf die Gehirngefässe bestehen sollte, so unterliegen dieselben und ihr Blutgehalt doch gewiss collateralen Schwankungen,
die zu dem Füllungszustand des äusseren Gefässgebietes in einem
bestimmten Verhältnisse stehen. Jedenfalls hat auf diese Art der
Sympathicus auch Einfluss auf Kreislauf, Stoffwechsel und Function
des Centralorgans.

Betrachten wir nun auf Grund der vorausgeschickten physiologischen und pathologischen Thatsachen die Ideen, die der Anwendung des galvanischen Stroms zu Grunde liegen müssen. — Remak
in seinem bekannten Vortrag in der Pariser Charité und Gerhard
bei dem oben erwähnten Fall von Capillarektasien in der Gehirn-
substanz dachten sich die Einwirkung des Stroms so, dass derselbe
auf die vasomotorischen Nerven der vom Sympathicus versorgten
Gefässe wirke, dass der Tonus derselben vermehrt, der Blutdruck
erhöht, der Stoffumsatz beschleunigt und somit die Functionstaug-
lichkeit restituirt werde. Besonders Gerhard will direct erschlaffte
Gefässwandungen zur Contraction bringen und dadurch einen Heileffect erzielen. Nicht blos die Leistungsfähigkeit im Centralorgan
wird nach Remak durch die erwähnte Methode erhöht, sondern
auch in den Nerven, den Muskeln wird die Ernährung verbessert
und dieser verbesserte Ernährungszustand ist die Grundlage der mit
der Sympathicusgalvanisation einhergehenden Restitution. Die Versuche von Eulenburg und Schmidt, die erhebliche Veränderungen im Blutdruck und in den Spannungsverhältnissen der Arterie
während der Sympathicusgalvanisation nachweisen, harmoniren vollständig mit der Ansicht Remak's und Gerhard's. Auch die oben
referirten Beobachtungen von Landois und Mosler über Morb.
Basedowii und die von Moritz Meyer mitgetheilten Krankengeschichten stehen damit im Einklang, ebenso gehört Benedikt's
Ansicht über das Verhältniss der vasomotorischen Nerven zu den
Gehirnfunctionen hierher und wir sehen, dass diese sämmtlichen
Beobachter am Menschen sich in einem Punkte begegnen und können
die von Allen in Uebereinstimmung gefundene oder aufgestellte
Theorie eine „vasomotorische" nennen.

Die experimentelle Physiologie der neueren Zeit bietet uns eine
Reihe von Anhaltspunkten, die für diese vasomotorische Theorie
werthvoll sein dürften.

Für die Irisgefässe constatirte Wegner[37] in seinen Beiträgen

37) Wegner, Beiträge zur Lehre vom Glaukom. Archiv f. Ophthalmologie.
Bd. XI. 2. S. 1. 1866.

zur Lehre vom Glaukom den Einfluss des Sympathicus. Nach Durchschneidung dieses Nerven erweiterten sich die Gefässe der Iris, bei
Reizung des peripheren Endes contrahirten sie sich wieder. Durchschneidung des Trigeminus hatte ebenfalls Gefässerweiterung zur
Folge, die aber jetzt nicht mehr durch Sympathicusreizung aufgehoben werden konnte. Den intraoculären Druck sah W e g n e r nach
Durchschneidung des Sympathicus sowohl, als des Trigeminus sinken.
Untersuchungen, die über die Genese des Glaukoms angestellt wurden, liegen ferner vor von A d a m ü c k, H i p p e l und G r ü n h a g e n;
da die vasomotorischen Einwirkungen des Sympathicus auf den
Bulbus ähnliche sein dürften, wie wir sie uns für das Gehirn zu
denken haben, so mögen die Versuchsresultate hier kurz Platz
finden. A d a m ü c k [38]) findet die nämlichen Folgen bei Durchschneidung des Nerven, wie W e g n e r: bei Reizung des Halssympathicus
folgt zuerst eine Steigerung des intrabulbären Druckes, dann eine
Verminderung. Beim Aufhören des Reizes wieder eine Verminderung
und hierauf Uebergehen zur Norm. Es wird der experimentelle
Nachweis geliefert, dass diese Druckalterationen unabhängig sind
von etwaigen Einflüssen der quergestreiften oder glatten Augenmuskeln, der Nickhaut, der Blutzufuhr aus der Carotis; auch eine vermehrte Secretion von Humor aqueus kann nicht angenommen werden,
und A d a m ü c k ist geneigt, die Vermehrung des Druckes auf Contraction innerer Muskelfasern der Chorioidea (H e i n r i c h M ü l l e r)
und vermehrten Druck der Hüllen des Bulbus auf den Glaskörper
zurückzuführen.

H i p p e l und G r ü n h a g e n [39]) fanden Steigerung des Druckes
durch Reizung äusserer Augenmuskeln. Die Drucksteigerung bei
Sympathicusreizung fand auch G r ü n h a g e n, nach ihm ist sie aber
Folge der Contraction des M ü l l e r 'schen Orbitalmuskels. Die von
A d a m ü c k zur Erklärung des Phänomens herbeigezogenen glatten
Chorioidealfasern scheinen bei den benutzten Thieren gar nicht zu
existiren. Später sinkt der Druck, vielleicht als Folge von Con-
traction der Gefässe oder der Erschlaffung des ermüdeten Orbital-
muskels. Unterbindung der Carotis hatte Sinken, Compression der
Bauchaorta Steigen des intrabulbären Druckes zur Folge.

Nach E u l e n b u r g und G u t t m a n n [40]), die die vorstehenden
Versuche anlässlich ihrer Abhandlung über das Glaukom registriren,
werden durch die Sympathicusreizung zweierlei Apparate in Be-

38) A d a m ü c k, Centralblatt 1866 Nr. 36. — 1867 Nr. 28.
39) H i p p e l und G r ü n h a g e n, Arch. f. Ophthalmologie. Bd. XIV. S. 3.
40) l. c. S. 68.

wegung gesetzt, die beide geeignet sind, den Druck innerhalb des
Bulbus zu alteriren, der eine, der vasomotorische, wirkt druckver-
mindernd, der andere, der musculäre, drucksteigernd. Für unsere
Zwecke ist hauptsächlich die erstere Wirkung von Werth, und wenn
auch die vasomotorische Wirkung des Sympathicus auf die Retinal-
gefässe keinen allzu bedeutenden Einfluss auf den intrabulbären Druck
haben dürfte, so ist ein solcher doch keineswegs ganz zu leugnen.

Direct am Gehirn beobachtete Nothnagel.[41] Durch ein
Trepanloch konnte er beim Kaninchen bisweilen Erweiterung oder
Verengerung an den Gefässen der Pia beobachten, je nachdem der
Sympathicus gelähmt oder gereizt wurde. In der Mehrzahl traten
aber die Erscheinungen undeutlich auf. Die Vermuthung, dass eine
Anzahl vasomotorischer Fasern nicht durch den Halssympathicus,
sondern nur durch das Ganglion supremum verläuft, wurde dadurch
bestätigt, dass nach Exstirpation dieses Ganglions die Gefässe der
Pia sich erweiterten und durch Reizung des Halsstammes nicht mehr
auf ihr ursprüngliches Volumen zurückzuführen waren. Eine bei
Gelegenheit meiner eigenen Versuche gemachte Beobachtung dürfte
vielleicht hierher gehören. Ich durchschnitt einem kräftigen Kanin-
chen den Halssympathicus, die Ohrgefässe waren, wie erwartet,
injicirt, aber im Befinden des Thieres trat keine Aenderung ein.
Nun exstirpirte ich das Ganglion supremum und im Moment der
Operation traten heftige Streckkrämpfe ein, und das Thier war in
wenigen Secunden todt. Die gleich nach dem Tode angestellte
Section ergab abnorm reiche Blutfüllung des Gehirns und der Sinus.
Eine Begründung meiner Vermuthung, dass es sich hier um eine
Laesion der durch das Ganglion verlaufenden vasomotorischen Fasern
handle, muss ich weiteren Versuchen vorbehalten.

Jedenfalls scheint ein sehr bedeutender Theil der vasomotorischen Fasern für das Gehirn des Kaninchens nicht durch den Halssympathicus zu verlaufen und auch durch Jolly und Riegel[42] ist
hierfür ein experimenteller Nachweis geführt. Bei einer grossen
Zahl von Durchschneidungen des Halssympathicus am Kaninchen
erhielten sie niemals auch nur die geringste Veränderung im Fül-
lungszustande der Piagefässe. Ein gleiches negatives Resultat ergab
sich bei Reizung des centralen (Kopf-) Endes des durchschnittenen
Halssympathicus, während der Effect auf Ohrgefässe und Pupille in

41) Nothnagel, Die vasomotorischen Nerven der Gehirngefässe. Virch.
Arch, XL. S. 203.
42) Riegel und Jolly, Ueber die Veränderungen der Pia-Gefässe in
Folge von Reizung sensibler Nerven. Virch. Arch. LII. S. 218.

keinem dieser Versuche ausblieb. Fast bei allen Fällen, in denen die Durchschneidung und Reizung des Halssympathicus vorgenommen worden war, wurde nachträglich das Ganglion supremum ausgerissen. Bis auf zwei Fälle, in denen deutliche Erweiterung der Piaarterien nach dieser Operation beobachtet wurde, ergab sich auch jetzt ein vollständig negatives Resultat.

Im Gegensatz zu Jolly und Riegel erhielt v. d. Becke-Callenfels[43]) Verengerung der Piaarterien bei Reizung des Halssympathicus, Exstirpation des Ganglions war dagegen ganz ohne Einfluss auf die Gefässweite. In Uebereinstimmung mit den erstgenannten Beobachtern erhielt A. Schultz[44]) bei einer Reihe von Durchschneidungs- und Reizversuchen am Halssympathicus niemals einen sich auf die Piagefässe erstreckenden Effect, während die Ohrgefässe regelmässig die charakteristischen Veränderungen zeigten.

Wohl auch unter Einfluss der noch nicht genügend gekannten anatomischen Verhältnisse hatte Jolly[45]) bei seinen Untersuchungen über den Gehirndruck so geringen Einfluss des Innervationszustandes des Sympathicus auf den ersteren beobachten können, doch war ein solcher Einfluss in zwei angestellten Versuchen noch vorhanden: Bei Durchschneidung eines Sympathicus sank der Gehirndruck in Zeit von 5 Minuten von 110 auf 98 Mm. Wasser, bei Durchschneidung des zweiten Sympathicus auf 95. Reizung des Sympathicus ergab einmal Steigen des Gehirndrucks um 20 Mm., zweimal um etwa 9 Mm. Beweisend für die Annahme eines Einflusses des Nerven auf die Gehirngefässe sind diese Beobachtungen nach Jolly nicht. In beiden Fällen, der Durchschneidung sowohl als der Reizung, werden Alterationen der collateralen Gefässbahnen der äusseren Kopfarterien gesetzt, die nun auch auf die Blutvertheilung im Schädelinnern rückwirken müssen — eine Fehlerquelle, die wohl nicht auszuschalten ist. —

Die meisten der Untersuchungen über den Einfluss des Sympathicus auf die Circulation im Gehirn sind, wie wir gesehen haben, am Kaninchen angestellt. Gleichzeitig sahen wir aber auch, wie wenig sich dieses Versuchsthier zu derartigen Zwecken eignet. Nur

---

43) v. d. Becke-Callenfels, Ueber den Einfluss der vasomotorischen Nerven auf den Kreislauf und die Temperatur. Zeitschrift f. rationelle Medicin. Neue Folge. Bd. VII. 1855.

44) Alex. Schultz, Zur Lehre von der Blutbewegung im Innern des Schädels. Petersburg. med. Zeitschr. XI. 1866. S. 122.

45) Jolly, Untersuchungen über den Gehirndruck und über die Blutbewegung im Schädel. Würzburg. Habilitationsschrift 1871.

in vereinzelten Fällen liess sich eine Beziehung zwischen Sympathicus und Piagefässen nachweisen, die vasomotorischen Fasern für
die letzteren schienen auf den verschiedensten Wegen zur Schädelhöhle zu verlaufen und bei den einzelnen Individuen einer Menge
von Abnormitäten zu unterliegen.

Auch die Versuche von Kussmaul und Tenner[46]) über die
fallsuchtartigen Zuckungen wurden am Kaninchen angestellt, und
sie sprechen wieder für die Existenz vasomotorischer Fasern für
die Pia im Halssympathicus. Wir werden weiter unten noch auf
die Kussmaul'schen Versuche zurückkommen.

Wenn in der That ein Einfluss des Sympathicus auf die Gefäss-
thätigkeit des Centralorgans besteht, so dürfte der Schluss nicht zu
gewagt sein, dass es uns möglich ist, durch Reizung des Nerven
irgendwie therapeutisch alterirend auf das Gehirn einzuwirken, sei
es nun durch Vermehrung der Spannung der Gefässwand und hieraus
resultirende Anregung sämmtlicher Lebensvorgänge, sei es durch eine
wirkliche Wiederherstellung der Elasticität, eine Art Gymnastik der
Gefässmuscularis.

Die Benedikt'schen Beobachtungen bei Apoplexie und centralen Lähmungen könnten dann vielleicht folgende Erklärung
finden: Wenn bei einer Herderkrankung Heilungsvorgänge zu
Stande gekommen sind, so ist ein Zeitpunkt denkbar, in dem die
verletzten motorischen Bahnen soweit hergestellt sind, dass sie unter
abnorm guten Ernährungsverhältnissen wieder fungiren können. Eine
solche momentane Verbesserung der Ernährung können wir durch
die Galvanisation des Sympathicus herbeiführen und der Effect derselben ist die nach der therapeutischen Vornahme auftretende Motilität in den früher gelähmten Muskelgebieten. Oder es sind wirklich
motorische Centren in Folge anhaltenden Nichtgebrauches unerreg-
bar für den Willen geworden. Wird durch Anregung der Vasomotoren, durch Zufuhr frischen arteriellen Blutes die Erregbarkeit
momentan wieder hergestellt, so kommen die motorischen Impulse
zum Ausdruck in früher nicht möglichen Muskelbewegungen.

Aehnlich denkt sich Remak den Vorgang in Bezug auf die
Wiederherstellung der Erregbarkeit von Nerven und Muskeln. Dass
bei absolut degenerirten Centren oder Leitungsbahnen an eine derartige Wirkung wohl nicht mehr zu denken sein wird, bedarf keiner
weiteren Erörterung, wenn auch die Phantasie mancher begeisterten

---

46) Kussmaul und Tenner, Moleschott's Untersuchungen. Bd. III.
1857. S. 1.

Elektrotherapeuten sich in dieser Hinsicht keine Grenze ziehen lässt. Ein gewisser Grad der Lebensfähigkeit muss immer noch vorhanden sein, um das Phänomen möglich zu machen. Auf sklerosirte Partien und Erweichungsherde dürfte sich auch die Zauberkraft der Sympathicusfasern nicht mehr erstrecken.

Auffallend und fast verdächtig ist der Umstand, dass die Galvanisation des Sympathicus ebensogut und nach der nämlichen Methode angewandt wird, um erhöhte Erregbarkeit cerebraler Nervengebiete herabzusetzen, als um verlorene oder verminderte Anspruchsfähigkeit auf Willensimpulse und Elektricität wieder auf die Norm zurückzuführen, dass der constante Strom z. B. in der nämlichen Anordnung beim Tic convulsif und bei der Facialislähmung eine Rolle spielt. ·

Jedenfalls hat die „vasomotorische" Theorie ungleich mehr Wahrscheinlichkeit, als die zweite von Remak aufgestellte Hypothese, nach der directe Nervenverbindungen vom Sympathicus zu den motorischen Centralorganen verlaufen sollten — eine Hypothese, die bis jetzt noch keine anatomischen und physiologischen Belege für sich hat. Auch Moritz Meyer erklärt in seinem zweiten Vortrag die Wirkung der besprochenen Galvanisationsmethode für physiologisch nicht erwiesen, es beruhe dieselbe nicht nur auf vasomotorischen Einflüssen.

Bei der Lehre von den diplegischen Zuckungen ist man nicht abgeneigt, directe Nervenverbindungen zwischen Grenzstrang und Ganglienzellen der Vorderhörner anzunehmen (Remak, Fieber, Benedikt).

Die Wirkung, die die Galvanisation am Halse auf das Herz etwa haben könnte, ist unter allen Umständen als eine gemischte zu betrachten. Jedenfalls befindet sich im gegebenen Fall nicht blos der Sympathicus, sondern auch der Vagus im Zustand der Reizung und die Wirkung beider Nerven würde sich mehr oder weniger compensiren.

Die Eulenburg'schen Beobachtungen über die Pulsfrequenz, die von Chvostek über Morb. Basedowii, vielleicht auch die von Beard und Rockwell machen jedoch die Annahme eines Einflusses auf das Herz nicht ganz unwahrscheinlich.

Beachtung verdienen jedenfalls die psychischen Einflüsse, die bei derartigen Versuchen unvermeidlich im Spiel sind. Es ist kaum zu denken, dass eine Versuchsperson, mag sie noch so eingeübt sein, frei von einer leichten psychischen und somatischen Erregung sein wird, wenn mit Oeffnung und Schliessung eines gehörig intensen

galvanischen Stroms an ihrem Halse experimentirt wird. Bei dem
unbefangenen Laien, der sich zu solchen Versuchen hergibt, spielt
die Angst und Ueberraschung, beim Sachverständigen, der an sich
selbst experimentirt, die Aufmerksamkeit und das Interesse eine bedeutende Rolle. Alle diese Factoren sind geeignet, an und für sich
die Herzfrequenz zu alteriren.

Von experimentellen Thieruntersuchungen, die die Einwirkung
des Sympathicus auf die Frequenz der Herzthätigkeit zum Gegenstand haben, wären folgende zu verzeichnen:

Die erste einschlägige Beobachtung dürfte die von Astley
Cooper[47]) sein, der bei seinen Versuchen über die Unterbindung der
Carotis auch den Sympathicus isolirt unterband und dabei allerdings
nur vorübergehende Erscheinungen, aber beschleunigte Herzthätigkeit
und etwas geschwächte Herzkraft beobachtete. Der Versuch wurde
am Hunde angestellt und wegen der ungünstigen Verhältnisse des
Sympathicus dieses Thieres, die weiter unten noch besprochen
werden sollen, dürfte der Verdacht einer gleichzeitigen Läsion des
Vagus nicht unberechtigt sein.

Budge[48]) wies nach, dass es möglich ist, nach Trennung des
Halssympathicus von der Medulla durch Galvanisation des Nerven
die Herzthätigkeit zu vermehren. Durchschneidung des Nerven setzt
dagegen die Herzfrequenz um 8—24 Schläge herab. Bei Ermüdung
des Nerven erhielt Budge statt Vermehrung des Pulses Verminderung desselben, selbst Stillstand des Herzens wurde so hervorgerufen.
Dieses Aussetzen der Herzthätigkeit dauerte aber im Gegensatz zu
dem durch Vagusreizung verursachten nicht lange, und nach seinem
Aufhören trat wieder Vermehrung der Herzfrequenz auf.

Nach Moleschott und Nauwarck[49]) bewirkt schwache me-
chanische und elektrische Reizung des Sympathicus eine Vermehrung
des Herzschlags bis zu 50 Schlägen in der Minute.

Bei Reizung des centralen (Kopf-) Endes des durchschnittenen
Nerven tritt diese Wirkung nicht ein, also ist sie eine directe, keine
reflectorische. Starke Reizung des Sympathicus vermindert dagegen
die Pulsfrequenz und kann sogar das Herz zum Stillstand bringen,
nach aufgehobener Reizung fängt jedoch dieses wieder an zu schlagen
und der Nerv wird wieder erregbar.

---

47) Astley Cooper, Gazette médicale de Paris 1838, Nr. 7.
48) Budge, Froriep's Tagesberichte. Nr. 512. 1852.
49) Moleschott und Nauwarck in Moleschott's Untersuchungen.
Bd. VIII. S. 26.

1863 folgten die Untersuchungen v. Bezold's[50]) und führten zu folgenden Resultaten:

Nach Durchschneidung des Halssympathicus am Kaninchen ergibt sich meist Verlangsamung, selten Gleichbleiben, am seltensten Vermehrung der Herzfrequenz. Bei frequentem Puls blieb sich die Zahl der Schläge gleich, bei langsamem wurde sie noch mehr herabgesetzt. Im Aortensystem besteht herabgesetzter Blutdruck. Bei Reizung des unteren Endes des durchschnittenen Sympathicus fanden sich ebenfalls dreierlei Resultate: am häufigsten Beschleunigung, seltener Gleichbleiben, am seltensten Verlangsamung des Pulses. Zur Erklärung dieser auffallenden Differenzen ist v. Bezold geneigt, individuelle Verschiedenheiten im Verlauf der beschleunigenden (Sympathicus) und hemmenden (Vagus) Herzfasern anzunehmen. In den Fällen, in denen Pulsbeschleunigung beobachtet wurde, treten die Reizeffecte ein, gleichviel, ob die Vagi verletzt oder unverletzt sind, leichter jedoch bei doppelseitiger Reizung. Die Pulszahl wächst dann mit der Intensität des angewandten Stroms, doch ermüdet der Nerv sehr rasch und dann tritt Verlangsamung ein. Bei gleichzeitiger Reizung von Vagus und Sympathicus überwiegt die Wirkung des ersteren.

Anm. In wie weit bei den Versuchen v. Bezold's die möglicherweise gleichzeitig erfolgende Reizung des von Ludwig und Cyon entdeckten Nervus depressor eine Rolle als Fehlerquelle gespielt haben mag, bin ich zu entscheiden nicht competent. Vgl. die Arbeit von M. und E. Cyon über die Innervation des Herzens vom Rückenmark aus. (Reichert's und du Bois-Reymond's Arch. 1867. S. 389.) Ebenda finden sich auch die für unsere Frage nicht unwichtigen Arbeiten von Le Gallois und Wilson Philipp erwähnt. Da die letzteren sich nicht direct auf den Halssympathicus, sondern auf den Einfluss des Rückenmarks beziehen, so verzichte ich auf eine detaillirte Wiedergabe und sei hier nur auf die genannten Autoren verwiesen.

Eine eigentliche therapeutische Wirkung der Sympathicusgalvanisation auf die Herzthätigkeit wird schwer nachzuweisen sein, am meisten, weil, wie oben auseinandergesetzt wurde, eine exacte Beobachtung nicht gut möglich, weil ferner die Vaguswirkung nicht auszuschalten ist, und weil an der empfindlichen Halsgegend eine Menge sensibler Erregungen gegeben ist, die an und für sich schon im Stande wäre, die Pulsfrequenz zu alteriren.

(Benedikt setzt seinen eigenen Puls, wenn er etwa 90 Schläge zählt, durch Galvanisation am Frontalis auf 70 herab.)[51])

Im hohen Grade unklar sind die Beziehungen, die der Sym-

50) v. Bezold, Untersuchungen über die Innervation des Herzens.
51) Benedikt, Nervenpathologie 1874. S. 76.

pathicus und seine Reizung zur motorischen Sphäre haben soll, die Lehre von den diplegischen Zuckungen. Die Benedikt'sche Erklärung durch erhöhte Reflexthätigkeit scheint mir die plausibelste. Ob das Ganglion supremum dann wirklich eine Rolle spielt, ist mir zweifelhaft. Bei meinen eigenen, nach den Angaben von Benedikt an Gesunden und Kranken angestellten Versuchen konnte ich ausser allgemeinen Reflexen, die bei bedeutender Stromstärke eintraten, keine charakteristischen Zuckungen beobachten. Nach einer mündlichen Mittheilung hat Herr Professor v. Ziemssen ähnliche Erfahrungen gemacht.

Physiologisch-experimentell wurde die Frage erst einmal untersucht und zwar von einem ihrer Hauptvertreter, Fieber. [52])

Beim ersten Versuch stirbt das Thier während der Blosslegung der Remak'schen „oberen Dorsalzone" des Rückenmarks, der Versuch wird nun post mortem bei noch erhaltener Körpertemperatur angestellt. Die Anode einer Batterie von 30 (!) Daniells steht am blossgelegten linken Sympathicus, die Kathode rechts am Rückenmark. Bei Stromschluss erfolgt natürlich Zuckung in der rechten Vorderextremität, während die 3 anderen Beine ruhig liegen bleiben.

Bei einem zweiten Versuch entstehen — jetzt am lebenden Thier — bei Stromschluss Zuckungen in den Vorderextremitäten hauptsächlich rechts. Bei Umkehrung des Stroms treten über den ganzen Körper verbreitete Streckkrämpfe auf, doch keine „diplegischen" Zuckungen. Mit einem starken faradischen Strom erhält man die nämlichen Resultate.

Das erste Experiment am todten Thier ist wohl vollständig werthlos. Die dabei erhaltene Zuckung ist weder eine „diplegische" noch eine Reflexbewegung, noch kann sie von vasomotorischen Einflüssen in der Medulla abhängig gewesen sein, sondern sie ist eine einfache Schliessungszuckung, abhängig von der in der Nähe der Vorderwurzeln befindlichen Kathode. Dass zum Zustandekommen dieser Zuckung das Ganglion supremum oder überhaupt der Sympathicus getroffen sein muss, ist nirgends bewiesen. Hätte Fieber seine Anode an irgend einem beliebigen anderen Punkt aufgesetzt, statt am Ganglion supremum, so wäre die „diplegische" Zuckung wahrscheinlich mit derselben Genauigkeit aufgetreten. Die allgemeinen Streckkrämpfe bei Stromwendung (2. Versuch) am lebenden Thier lassen allerdings eine centrale Wirkung des jetzt mit der

---

52) Fieber, Die diplegischen Contractionen. Berl. klin. Wochenschrift. Bd. III. 1866. Nr. 24.

Kathode armirten Sympathicus vermuthen, doch sind ebensogut noch eine Menge anderer Möglichkeiten (Stromschleifen auf die Medulla, die bei der kolossalen Intensität noch wirksam sein mussten) vorhanden, und ein durch Sympathicusreizung und Tetanus der Gehirngefässe veranlasster Anfall von Convulsionen hätte gar nichts mit einer Remak'schen Zuckung gemein. Dass auch der faradische Strom wirksam war, und dass seine Stromschleifen auch die linken Vorderwurzeln erregten, hat nichts Auffallendes. — Die zahlreichen von Fieber aus seinem Versuche gezogenen Schlüsse übergehe ich füglich.

<hr />

Man hatte bei der therapeutischen Galvanisation des Sympathicus je nach dem Stande der elektro-iatrischen Theorien verschiedenerlei specielle Indicationen und Ziele.

Einmal wollte man direct durch den Eingriff die Nerven momentan zu erhöhter Energie bringen, wie man z. B. einen Muskel, der dem Willensimpuls aus irgend welchem Grunde nicht mehr folgt, durch Galvanisation zur Contraction bringt. Die erschlafften Gefässe sollten also contrahirt, die vermehrte Blutfülle in den Centralorganen vermindert, die mangelhafte Energie der Vasomotoren angeregt werden. Solche Zwecke konnte man wohl bei ausgesprochener Gefässlähmung, bei Ektasie der kleineren Arterien, bei der neuroparalytischen Form der Hemikranie verfolgen, um momentan einen Heileffect in Bezug auf den Kreislauf hervorzubringen und durch wiederholte Sitzungen auch den Nerven wieder unter den Einfluss derjenigen Energien zu stellen, die er vom vasomotorischen Centrum in der Medulla erhält, denen zu folgen er aber durch irgend welche krankhafte Veränderungen seiner selbst oder seiner Endorgane unfähig geworden war.

Mit der Entwicklung der Brenner'schen Lehre oder schon mit der Einführung des constanten Stroms in die praktische Medicin veränderten sich aber die Ansichten in Bezug auf den Heilwerth der Elektricität.

Hatte man vorher als Hauptkriterium der elektrischen Therapie die Muskelzuckung betrachtet, so lernte man jetzt auch ohne solche Heileffecte herbeiführen. Schon von Remak an hatte diese Richtung in der Galvanotherapie die Oberhand bekommen und auf Grundlage der Brenner'schen Poltheorie wurde sie, wie wir gesehen haben, von Holst auch auf den Sympathicus angewandt. Man unterschied jetzt zwischen Reizungs- und Lähmungszuständen und suchte entsprechend diesen durch Hervorrufung der negativen oder positiven Phase des Elektrotonus und durch Vermeidung aller Momente, welche die entgegengesetzten Zustände herbeizuführen im Stande waren, entweder erregend oder beruhigend auf die Nerven zu wirken. Man behandelte die vasomotorischen Fasern des Halssympathicus nach den Gesetzen, die eine auf physiologischer Grundlage entwickelte Elektrotherapie für die motorischen Gehirn- und Rückenmarksnerven aufgestellt hatte. Nicht mehr möglichste Intensität oder möglichst eclatante Momentanwirkung lagen im Heilzweck, sondern mit Rücksicht auf Stromrichtung oder nach Brenner auf Polwirkung suchte man in der Weise auf die molecularen Vorgänge im Nerven einzuwirken, wie man dies an motorischen animalen Nerven zu thun gewohnt war. Das Zuckungsgesetz — dem physiologischen nachgebildet — von Eulenburg, Erb, Filehne für den motorischen Nerven am Menschen bewiesen, spielt in diesen modernen elektrotherapeutischen Theorien eine grosse Rolle, insbesondere bei der physikalischen Untersuchung pathologischer Nerven und Muskeln.

Für den Sympathicus existirt am lebenden Menschen kein Prüfungsorgan für derartige Untersuchungen, wie wir ein solches im lebenden Muskel für den motorischen Nerven besitzen. Dasjenige Gebilde, das, unmittelbar unter dem Einfluss sympathischer Fasern stehend, unserer Beobachtung am leichtesten zugänglich ist, ist die Pupille, und man war von jeher bemüht, die Einwirkung der verschiedenen Intensitäten, Richtungen und Phasen des am Halse applicirten constanten Stromes auf die Pupille zu studiren. Gewissermaassen konnte eine eintretende oder fehlende Pupillenreaction als Kriterium gelten, ob der Strom den Nerven wirklich erregend getroffen habe oder nicht. So sah Gerhard in dem mehrfach citirten Fall nur günstige Wirkung eintreten, wenn während der Stromdauer die Pupillen sich erweitert hatten.

Schon Budge[53]) macht darauf aufmerksam, dass wir in der Pupille eine Art Reagens für den Innervationszustand des Sympathicus besitzen, dass wir aus der Enge oder Weite derselben auf krankhafte Vorgänge in diesem Nerven schliessen können.

Eine genaue Durchsicht des in den letzten Jahren angesammelten Materials zur Sympathicuspathologie lässt jedoch deutlich erkennen, dass keineswegs immer der Innervationszustand der pupillären und der vasomotorischen Fasern der gleiche ist, dass im Ge-

---

53) Budge, Die Bewegungen der Iris. Braunschweig 1855.

gentheil Abnormitäten des einen Gebietes bei völliger Integrität des andern vorkommen. Allerdings mögen in den meisten Fällen centraler Erkrankung der Medulla zu gleicher Zeit die Centren beider Functionen afficirt sein und bei gleichzeitig auf den Halsstrang einwirkenden Schädlichkeiten beiderlei Fasern in Betheiligung gezogen werden. Aber selbst bei Compression des Halssympathicus beobachtet man viel häufiger Pupillenerscheinungen als solche im Bereich des vasomotorischen Systems. Eulenburg und Guttmann [54]) sind geneigt, diese Erscheinungen so zu erklären, dass die oculopupillären Fasern am weitesten im Grenzstrang peripherisch lägen und desshalb leichter unter äusseren Insulten litten. Vielleicht liesse sich auch für die verschiedenen Fasern eine verschieden grosse Erregbarkeit annehmen, jedenfalls ist aber nicht zu leugnen, dass im Bereich vasomotorischer Fasern Restitutionsvorgänge häufiger und leichter zu Stande kommen, als in dem der pupillären.

Aehnlich wie gegen pathologische Reize mögen sich auch die sympathischen Fasern gegen elektrische verhalten. Die einen Beobachter (Landois und Mosler) erhielten vasomotorische Lähmungserscheinungen ohne Pupillensymptome durch Galvanisation, die andern (Gerhard, Moritz Meyer) Beides, die allermeisten Keines von Beidem.

Die Eulenburg'schen Untersuchungen über die Spannung der Carotis und über das Verhalten der Pupille wurden früher schon mitgetheilt. Wenn die Anode auf dem Manubr. sterni, die Kathode auf dem Ganglion suprem. in der Gegend des Unterkieferwinkels stand, so war dies, da die oculopupillären Fasern vom Hals nach dem Kopfe verlaufen, ein absteigender Strom. Bei Schliessung der Kette erfolgte Pupillendilatation entsprechend der Kathoden-Schluss-Zuckung am motorischen Nerven.

Während der Stromdauer verengte sich die Pupille wieder, bei Oeffnung zeigten sich inconstante Ergebnisse; bei umgekehrter Stromrichtung, wo man eine Oeffnungsreaction hätte erwarten sollen, waren die Erfolge ganz zweifelhaft. Auch die Pupillenreaction, die der Schliessung des absteigenden Stroms entsprach, war ganz minimal und nur durch das Pupilloskop zu beobachten.

Moritz Meyer fand Erweiterung und abnorme Beweglichkeit der Pupille bei Galvanisation des Ganglion supr. (Eine Elektrode in der Mundhöhle.)

Von Landois und Mosler wurde die Frage der Pupillen-

---

54) l. c. S. 6.

reaction experimentell am Thier untersucht und zwar am Hund. Nach meinen Erfahrungen eignet sich der Hund ausserordentlich schlecht zu Reizversuchen am Halssympathicus. Der Nerv liegt nämlich bei ihm mit dem Vagus verwachsen und in eine dicke bindegewebige Scheide eingeschlossen, das Auge kann die beiden Nervenstämme nicht unterscheiden und in den Fällen, in denen ich versuchte, sie zu trennen, gelang mir dies erst nach längerer Arbeit, jedenfalls mussten die beiden Nerven unter der schwierigen Operation leiden, und ich wusste niemals, ob ich den reinen Sympathicus ohne Beimischung von Vagusfasern und umgekehrt hatte auf die Elektroden bringen können.

Bei absteigendem Strom erfolgte nach Landois und Mosler bei einer Stromstärke von 4—6 El. eine deutliche Schliessungszuckung, die sich durch schnell auftretende Erweiterung der Pupille bemerklich machte. Während der Stromdauer blieb die Pupille verhältnissmässig weit, doch nicht so dilatirt, wie bei der Schliessungszuckung. Bei Oeffnung der Kette zeigte sich eine Oeffnungszuckung, die indessen nicht so starke Erweiterung darbot. Bei aufsteigendem Strom 8—10 El. Schliessungszuckung. Während des Geschlossenseins wird die Pupille enger, bei Oeffnung wieder eine Oeffnungszuckung. Also Reaction bei allen Stromschwankungen, jedoch leichter bei „absteigendem" Strom. Die Erscheinungen bei aufsteigendem Strom entsprechen den Eulenburg'schen Beobachtungen — in unserem Sinne war der Strom absteigend und die eingetretene Reaction entsprach der KSZ. Die Erscheinung der relativen Verengerung der Pupille während der Dauer des absteigenden Stroms (KD.) erklären Landois und Mosler folgendermaassen: In Folge des Durchströmens tritt am untern centralen Ende des Nerven der Anelektrotonus in die Erscheinung, die Erregbarkeit der centralen, dem Budge'schen Centrum cilio-spinale näher liegenden Nervenstrecke sinkt also ab.

Wird nun vor und während des Versuches durch relativ schwache Beleuchtung der Netzhaut der Nervus sympathicus zu dauernder mittlerer Erweiterung der Pupille tonisch erregt, so wird diese Erregung mit Auftreten des Anelektrotonus in der den Centren näher liegenden Strecke weniger zur Erscheinung kommen können und eben daher rührt die Verengerung der Pupille. Die während des Geschlossenseins aufsteigender Ströme auftretende Pupillenerweiterung ist dann Folge der durch den Katelektrotonus erhöhten Erregbarkeit.

Es ist zu bedauern, dass es noch keine hinlänglich genaue Methode gibt, um den Durchmesser der Pupille zu messen; ohne eine

solche werden Versuche wie die eben mitgetheilten viel an Genauigkeit entbehren.

Im Ganzen beobachtet man bei der Sympathicusgalvanisation,
wie sie in der Praxis angewandt wird, ausserordentlich selten Pupillenreaction. Hitzig[55]) erklärt, solche noch niemals gesehen zu
haben. Bei meinen eigenen allerdings noch nicht in genügender
Anzahl angestellten Versuchen habe ich auch nur negative Resultate
erhalten. Beobachter, wie Benedikt, Holst, erwähnen keine
hierher gehörigen Befunde.

Die Gründe dieser auffallenden Thatsache können verschieden sein:

Einmal ist es jedenfalls unbestreitbare Thatsache, dass der M.
dilatator pupill., wenn ein solcher überhaupt existirt und wenn seine
Functionen nicht ganz der Muscularis der Irisgefässe[56]) übertragen
werden müssen, nicht so prompt reagirt, wie ein quergestreifter
Muskel. Es ist möglich, dass sich langsam vollziehende Aenderungen
des Contractionszustandes vorkommen, die mit dem blossen Auge
nicht controlirbar sind. Ferner ist es sehr wahrscheinlich, dass die
anwendbaren Stromstärken nur im Stande sind, höchst unbedeutende
Pupillenerweiterung hervorzurufen und dass diese den meisten Beobachtern entgangen ist. Wer einmal sich mit Pupillenvergleichun-
gen beschäftigt hat, weiss, wie sehr uns das Augenmaass dabei im
Stich lassen kann. Abgesehen davon, dass die complicirten optischen
Verhältnisse der Beobachtung im höchsten Grade hinderlich sind, dass
Täuschungen und Fehlerquellen niemals auszuschliessen sein werden,
wird jeder Beobachter sich sagen müssen, dass man nur allzu geneigt
ist, im entscheidenden Moment das, was man zu sehen wünscht, auch
zu sehen und eine geringe oder minimale Pupillendilatation zu constatiren, wo keine da war.

Objective Messmethoden existirten bisher nicht, und das einzige
Instrument, das zur Beobachtung der Schwankungen der Pupillenweite und zwar nur zu relativer Messung construirt ist, das Pupilloskop hat wieder einen Nachtheil, und zwar den, dass der Beobach-
tende zu gleicher Zeit der Untersuchte ist.

Nach Gräfe[57]) genügt das auf Beobachtung von Zerstreuungs-

55) Gelegentlich des Vortrags von Moritz Meyer in der Berliner med.
Gesellsch. Berl. klin. Wochenschr. 1868. Nr. 23.

56) Salkowsky, Ueber das Budge'sche Cilio-spinal-Centrum. Zeitschr.
v. Henle und Pfeufer. 1867. Bd. XIII. S. 167.

57) Erklärung in der Berliner med. Gesellsch. Berlin. klin. Wochenschr.
1868. Nr. 23.

3

kreisen begründete Pupilloskop von Giraud-Teulon[58]) nicht zu Untersuchungen, wie sie hier nöthig sind.

Gerade bei elektrischen Reizversuchen ist die Versuchsperson Einflüssen ausgesetzt, die im hohen Grade geeignet sind, die Aufmerksamkeit abzulenken. Ich erinnere mich lebhaft noch an die Erfahrungen, die ich seinerzeit an meiner Person über die Feststellung der Brenner'schen Normalformel für die Acuticusreaction machte. Man mag noch so ruhig und gut vorbereitet sein, immer vergeht einem im Moment der Stromschliessung „Hören und Sehen". Erst nach einigen Secunden recapitulirte ich gewöhnlich das Erlebte und zum Glück ist die Acusticusreaction in der Regel so deutlich, dass es leicht ist, sie durch Analyse der einzelnen gehabten Sinnesempfindungen als wirklich empfunden sich zu vergegenwärtigen.

Schliessen wir einen kräftigen Strom von 20—40 Siemens und Halske, (Eulenburg und Schmidt), wie er zur Hervorrufung der Pupillenreaction doch unbedingt nöthig ist, so wird jedes nicht ganz unempfindliche Individuum auf dem mit dem Pupilloskop bewaffneten Auge elektrische Lichterscheinungen empfinden, wird unter Umständen sogar unwillkürliche Augenbewegungen ausführen oder das Lid schliessen, und von einer exacten Beobachtung ist dann wohl nicht mehr die Rede.

In neuester Zeit wurde ein für objective Beobachtungen und absolute Messung construirtes Pupillometer von Landolt[59]) angegeben. Vielleicht entspricht dieses mehr unseren Zwecken, als das Instrument von Giraud-Teulon.

Dass wir beim Menschen nicht am durchschnittenen Nerven reizen, wie beim physiologischen Experiment, ist für das Zustandekommen der Reizerscheinungen vielleicht von Bedeutung. Ein auffallender Unterschied zwischen dem Thierversuch und der therapeutischen Methode liegt jedenfalls in diesem Umstand. Bei allen physiologischen Untersuchungen, mit Ausnahme der von Landois und Mosler, wurde bisher der Nerv am Halse durchschnitten und das Kopfende gereizt.

Die Reizung geschah in der Regel, und das ist ein zweites differentielles Moment zwischen Experiment und Therapie, durch den faradischen Strom, während in der Sympathicustherapie schon von Remak an fast ausschliesslich der constante Strom herrscht. Beim

---

58) Giraud-Teulon bei Zehender: Klin. Monatsblätter für Augenheilkunde 1867. S. 276.

59) Landolt, Ein Pupillometer. Centralblatt 1875. Nr. 34.

Menschen stehen uns auch nicht unumschränkte Reizgrössen zur
Verfügung, im Gegentheil setzt uns die am Halse oft sehr hoch-
gradige Sensibilität des Patienten eine selten überschreitbare Grenze.
Wenn wir endlich die Elektroden am Halse nach der allgemein
angenommenen Methode ansetzen, so treffen wir keineswegs den
Grenzstrang des Sympathicus allein, sondern gleichzeitig eine Anzahl
anderer Gebilde, die auf die Wirkung der Galvanisation nicht ganz
ohne Einfluss sein können. Der Nerv. vagus muss unter allen Umständen im Bereich des Stromes liegen, ebenso der Recurrens und
der absteigende Ast des Hypoglossus; — die ganze Anzahl der cutanen Aeste, die die Haut der Halsgegend versorgen, ist gleichfalls
nicht zu umgehen und statt der einfachen physiologischen Einwirkung
auf einen isolirten und durchschnittenen Nervenstamm bekommen
wir eine Anzahl wohl zu beachtender und weittragender Factoren,
die die Wirkung der sogenannten Sympathicusgalvanisation zu einer
äusserst complicirten machen dürften. Besonders der Nerv. vagus
als directer Antagonist des Sympathicus in Bezug auf die Herzthätigkeit verdient wohl Berücksichtigung; dass bei stärkeren Intensitäten
Ströme sogar die Medulla treffen können, bedarf keiner weiteren
Auseinandersetzungen.

Bei diesem gewaltigen Unterschied zwischen Theorie und Praxis,
zwischen Experiment und Therapie eröffnen sich uns bei dem Bestreben, exacte physiologische Anhaltspunkte für unser therapeutisches Handeln zu gewinnen, eine Menge Fragen, welche, durch das
Thierexperiment untersucht, Resultate zu liefern versprechen, die
vielleicht für die Praxis von einiger Bedeutung werden könnten.

In den folgenden Blättern gebe ich einen Bericht über einige
in dieser Beziehung angestellte Versuchsreihen. Die Resultate sind
gering im Verhältniss zu der aufgewandten Zeit und Mühe; doch
wurde, wie es scheint, nach langer vergeblicher Irrfahrt doch noch
ein Weg entdeckt, auf dem sich eine etwas lohnendere Perspective
eröffnet. Meine bis jetzt gewonnenen Ergebnisse haben noch viele
Lücken und Mängel, erst durch zahlreiche weitere Experimente wird
es möglich werden, die Mehrzahl der physiologischen Fragen zu
entscheiden, die durch die jetzt übliche Galvanisation des Sympathicus angeregt werden. Vielleicht ist es mir vergönnt, später noch
zu Beantwortung derselben beizutragen; die folgenden Versuche
sollen weiter nichts sein, als recognoscirende Vorarbeiten.

III.

In erster Linie hatte ich mir die Aufgabe gestellt, zu untersuchen, in welcher Art der Blutdruck in den vom Sympathicus innervirten äusseren Kopfarterien durch die am Halsstamme angewandten Elektrisationsmethoden alterirt werde. Auf diese Weise hoffte ich, Erscheinungen hervorrufen zu können, die denen in den Arterien des Schädels und des Gehirns einigermaassen analog zu betrachten wären. Hauptsächlich galt es dabei, den Unterschied zu untersuchen, der zwischen der Wirkung des faradischen und des constanten Stroms besteht.

Zuerst hatte ich die Absicht, nach der Methode verschiedener Forscher, die Gefässe der Pia direct zu beobachten (Donders, Leyden, Nothnagel, Jolly, Riegel), allein bald kam ich von dieser Idee ab, weil ich erwartete — und das mit Recht —, dass Schwankungen in der Blutfülle der Arterien zu beobachten sein dürften, die mit blossem Auge zu controliren ein Ding der Unmöglichkeit sein würde. Besonders da das Auftreten von allmählich zu Stande kommenden Füllungsdifferenzen zu erwarten stand, hielt ich die erwähnte Methode für nicht genügend und verzichtete deshalb auf dieselbe. Eine graphische Darstellung der Blutdruckcurve schien mir zur exacten Beobachtung höchst erwünscht, und es blieb deshalb kein anderer Ausweg, als das Ludwig'sche Haematodynamometer zu benutzen.

Ich nahm an, dass die Arterien des Gesichtes und des Kopfes direct unter dem Einfluss sympathischer Fasern stehen; die bekannten Versuche am Kaninchenohr und die mehrerwähnten pathologischen Befunde sprechen für diese Annahme. Es galt nun von einer der genannten Arterien die Blutdruckcurve aufzunehmen. Die Carotis selbst steht jedenfalls auch unter Einfluss sympathischer Fasern, die aber alle aus dem unteren Halsganglion kommen dürften. Der eigentliche Halssympathicus hat nur indirecte Beziehungen zu dem Blutdruck in der Carotis. Wenn nämlich sich durch Sympathicusreizung die kleinen Arterien im Gebiete der Carotis contrahiren, so wird in Folge der plötzlichen Verengerung der Blutbahn auch der Druck in der Carotis selbst steigen. Ich wollte diese Erscheinung jedoch aus mehrfachen Gründen nicht benutzen und wählte zu meinen Versuchen eine Arterie, von der es wahrscheinlicher war, dass sie direct unter dem Einfluss vasomotorischer, aus dem Halssympathicus kommender Fasern stehe, die Maxillaris externa.

Da es zur Gewinnung einer Blutdruckcurve unerlässlich war,

eine Canüle von nicht unbedeutender Dicke in das Gefäss einzu-
führen, so waren selbstverständlich kleinere Thiere von den Versuchen ausgeschlossen. Die Fehlerquellen, die sich bei der Benutzung
grosser Thiere ergeben mussten, hielt ich bei diesen ersten Untersuchungen, bei denen ich nur in grossen Umrissen ein Bild der
Sympathicusreaction gewinnen wollte, für nicht bedeutend genug,
um mich abschrecken zu lassen.

Die Gelegenheit war mir während des vergangenen Winters
ausserordentlich günstig; von Herrn Prof. Voit aufmerksam gemacht,
erhielt ich durch Herrn Prof. Franck die Erlaubniss, die zu anatomischen Zwecken angekauften Pferde der Thierarzneischule zu meinen
Versuchen benutzen zu dürfen, und konnte, durch die Liebenswürdig-
keit der beiden genannten Herren unterstützt, an 5 Thieren die
Reizungsversuche vornehmen.

Zur Vorbereitung auf die letzteren untersuchte ich einige Male
die anatomischen Verhältnisse am Pferd [60]:

Der Sympathicus liegt an der hinteren Wand der Carotis dicht
neben dem Vagus und ist mit ihm durch lockeres Bindegewebe,
hie und da sogar durch Austausch der Fasern verbunden, doch sind
die beiden Nervenstämme regelmässig an Kaliber und Farbe deutlich kenntlich. In der Höhe des zweiten Halswirbels trennt sich
der Sympathicus vollständig vom Vagus und steigt mit der Carotis
interna zum Foramen lacerum s. caroticum (Franck) auf. In der
Gegend des Gaumensackes liegt das grosse graue Ganglion cervicale
supremum, es ist bedeckt von der tiefen Halsfascie, der Ohrspeichel-
drüse, den grossen Venenstämmen, die hier zahlreiche Anastomosen
zeigen, dem M. flexor capitis und der oberflächlichen Musculatur,
folglich eignet es sich durch seine Lage durchaus nicht zu experimentellen Untersuchungen. Vom Ganglion supremum gehen vielerlei
Nervenfasern aus, die sich mit den letzten Gehirnnerven verbinden.
Ein dicker Strang geht als Plexus caroticus durch das Foramen lacerum, und seine Function als Vasomotor der Gehirngefässe gewinnt
schon durch sein anatomisches Verhalten und seine Stärke an Wahrscheinlichkeit. Die von der Carotis externa abgehenden Schlagadern
erhalten gleichfalls ihre sympathischen Begleitfasern aus dem Ganglion. In seinem ganzen Verlaufe am Halse gibt der Nerv keine
Aeste ab, auch ein Ganglion cervicale II. fehlt. Am ersten Brust-
resp. letzten Halsganglion steht er in Verbindung mit einem starken
Faserbündel, das zwischen letztem Hals- und erstem Brustwirbel aus

---

60) Vgl. Franck, Anatomie der Hausthiere. S. 990 ff.

dem Spinalkanal austritt und folgendermaassen gebildet wird: Vom
Nerv. cervicalis primus bis zum ersten Brustnerven gehen innerhalb
des Wirbelkanals jedesmal Fasern ab, die nach unten treten und
sich je mit denen des nächsten Nerven zu einem zweiten im Wirbel-
kanal nach abwärts verlaufenden Sympathicus verbinden. Dieses
durch den Zusammentritt von 8 solchen Faserbündeln gebildete
Stämmchen tritt im Foramen intervertebrale VIII. aus und verbindet
sich mit dem Halssympathicus, wie schon beschrieben. Ueber die
physiologische Bedeutung dieses accessorischen Sympathicus bestehen
noch keine genauen Untersuchungen. Mag derselbe dem Halsstamm
vasomotorische Fasern zuführen oder mag er solche von dem —
dann als selbstständiges vasomotorisches Organ zu denkenden —
Sympathicus zu den Cervicalnerven führen — die Frage ist für uns
indifferent, da wir es nur mit dem Nervenstrange am Hals zu thun
haben, von dem wohl unter allen Verhältnissen anzunehmen ist, dass
er vasomotorische Fasern für die Kopfgefässe führt.

Die Blosslegung und Isolirung des Nerven am Halse ist eine
verhältnissmässig einfache Operation, die meist sogar ohne Blutverlust ausgeführt wurde. Herr Prof. Franck hatte in der Regel die
Güte, den operativen Theil des Versuches zu übernehmen.

Die Thiere wurden auf die Seite geworfen und einmal zu Boden
liegend zeichneten sie sich gewöhnlich durch musterhaftes Stillhalten
aus. Allerdings waren die meisten der benutzten Rosse, die alle ein
sehr arbeitsreiches Leben hinter sich zu haben schienen, nicht mehr
in der Lage und Stimmung, grosse Kraftproben zu geben und freuten
sich der wohlverdienten Ruhe auch unter den Martern des physiologischen Experimentes.

Der Nerv wurde aufgesucht, mit Bindfaden locker umschlungen,
undurchschnitten herausgezogen und auf die Elektroden gelegt. Die
letzteren bestanden aus Haken von starkem Kupferdraht mit isolirten
gläsernen Handgriffen.

Die A. maxillar. intern. wurde an ihrer Umschlagsstelle um den
Unterkiefer, hart am vorderen Rand des M. masseter blossgelegt, an-
geschnitten und in ihr centrales Stück eine Glascanüle eingebunden,
die mit dem Manometer durch ein längeres Bleirohr in Verbindung
stand. Die Leitung von der Arterie bis zum Manometer war mit
concentrirter Glaubersalzlösung gefüllt. Nachdem die Quetschhähne,
die die Leitung schlossen, abgenommen waren, zeichnete das Kymographion die bekannten Curven, wie sie auch Volkmann in
seiner Hämatodynamik als vom Pferde gewonnen mittheilt. Bei
den ersten Versuchen, die in einem ringsum offenen Pavillon bei

strenger Novemberkälte vorgenommen wurden, hatten wir Schwierigkeiten mit dem Elfenbeinstempel des Manometers, der durch die Kälte an Volumen abnahm und wegen ungleichen Contactes mit der Glaswand plötzlich unregelmässige Bewegungen ausführte. Ein andermal bei einem nicht publicirten Versuch blieb das Uhrwerk des Kymographions in Folge der Gerinnung des Maschinenöles stehen, und um nicht ganz umsonst operirt zu haben, waren wir genöthigt, die Trommel des Kymographions mit der Hand zu drehen.

Später arbeiteten wir in dem uns bereitwilligst überlassenen Secirsaal der Thierarzneischule und die meisten der dort angestellten Versuche verliefen ohne weitere Schwierigkeit.

Den Strom lieferten die transportablen Hirschmann'schen Apparate, der Inductionsapparat mit Leclanché-Elementen, der bei frischer Füllung eine sehr bedeutende Stromstärke producirte, und der Zink-Kohlen-Plattenapparat, dessen Strom bei 30—40 El. auch eine ganz respectable Intensität repräsentirt. Beide Stromarten konnten mit Hülfe einer Pohl'schen Wippe rasch abwechselnd zu den Elektroden geleitet werden. Der Stromwender befand sich an der constanten Batterie, ebenso ein kleines für grossen Widerstand im Schliessungsbogen berechnetes Galvanometer.

Was die absoluten Werthe des Blutdruckes betrifft, die wir bei unseren Versuchen gewannen, so blieben dieselben meist hinter den Angaben früherer Untersucher zurück.

Während diese im Durchschnitt für die Carotis des Pferdes einen halben Blutdruck von 8—9 Cm. Quecksilber fanden, erhielten wir sehr wechselnde Werthe, die aber sämmtlich diese Höhe nicht erreichten. Wenn man das Alter und den Kräftezustand unserer Versuchsthiere berücksichtigt, so ist in dieser Anomalie nichts Auffallendes gegeben.

Im Ganzen wurden 20 Reizversuche angestellt. Einige der gewonnenen Curven liegen bei.

Durch Berechnung des arithmetischen Mittels aus Gipfel und Fusspunkt jeder einzelnen Pulswelle erhielt ich eine Curve des mittleren Blutdrucks, die annähernd der Respirationscurve entspricht.

In Betracht kommen nun verschiedene Verhältnisse, die unter dem Einfluss vasomotorischer Reizung modificirt werden können.

Der mittlere Blutdruck wird in dem Maasse steigen, als das Gefässgebiet der Arterie und diese selbst sich verengt. Durch Durchschnittsberechnung habe ich den mittleren Blutdruck für ganze Reihen von Pulswellen, z. B. während der Dauer einer elektrischen

Reizung bestimmt und in dem Vergleich dieser Werthe mit einander wird ein Anhaltspunkt zur Bemessung der Reizeffecte gegeben sein.

Je stärker die Arterie mit Blut gefüllt ist, je grösser also der von innen auf ihren Wandungen lastende Seitendruck ist, desto mehr werden die Wandungen gespannt sein und desto geringeren Excursionen werden dieselben bei den einzelnen Pulswellen unterliegen. Herrscht also im Bereich der Carotis gesteigerter Blutdruck, stösst das Blut in Folge der Verengerung seiner Bahn auf vermehrte Widerstände, so wird sich dies durch geringere Pulsschwankungen auch der Maxillaris zu erkennen geben. Kommt dann durch die Action vasomotorischer Fasern noch eine tonische Contraction der Muscularis der Arterie selbst dazu, so werden diese Excursionen noch geringer und als Folge starken Reizes, der die Arterienwand förmlich erstarren lässt, würde gar keine Pulswelle mehr sichtbar sein. Die Erhebung des Gipfels der einzelnen Pulswellen über die Curve des mittleren Druckes gibt uns also einen Maassstab für den Spannungsgrad der Arterie an die Hand. Auch diese Werthe habe ich berechnet und sie figuriren im Folgenden und in den Tabellen unter der Bezeichnung „mittlere Elevation".

Die Form der Pulswelle selbst gibt uns gleichzeitig Anhaltspunkte, aus denen wir auf die Spannung und die Elasticität der Arterienwand schliessen können. Je nachdem die Ascensionslinie senkrecht oder schief, der Gipfel flach oder spitz, die Descensionslinie mehr oder weniger steil ist, haben wir Grund, auf verschiedene Füllungs- und Spannungsverhältnisse zu schliessen. Auch das Auftreten dicroter Wellen hat seine Bedeutung.

Die Pulsfrequenz ist mit Leichtigkeit an den Curven abzulesen, sie ist graphisch jedenfalls leichter zu bestimmen, als mittelst anderer Zählmethoden. Dass die Pferde, und insbesondere unsere Versuchspferde, einen auffallend langsamen Puls haben, kam der Methode nur zu Gute.

Die Angaben über Pulsfrequenz machte ich auf den Tabellen nicht in der gewöhnlichen Weise, dass ich die Anzahl der Pulsschläge für eine oder den Bruchtheil einer Minute notirte, sondern so, dass ich die durchschnittliche Dauer einer einzelnen Pulswelle berechnete, was sehr leicht fiel, da die Trommel des Kymographions bei einer Peripherie von 53 Cm. einer Umlaufszeit von ziemlich genau 106—110 Secunden entsprach, so dass also 0,5 Cm. der Curve in nahezu einer Secunde gezeichnet wurden. Da es sich nur um relative Werthe handelt, so hat die kleine Ungenauigkeit der Rechnung keinen Nachtheil.

Faradisation des Sympathicus.

Die Faradisation wurde zuerst bei völlig übereinander geschobenen Rollen des Inductionsapparates vorgenommen. Die Stromdauer war wechselnd.

Bei Beginn des Stromes zuckte Anfangs das Thier in der Regel zusammen, die Athmung stockte momentan, starke Reflexbewegungen traten auf und in Folge derselben wurde einigemal der Blutdruck in der Maxillaris bedeutend erhöht. Eine Pulswelle war in solchen Fällen nicht mehr zu erkennen, die Curve verlief als gerade Linie mit wenigen unregelmässigen Unebenheiten. Die gleiche Erscheinung trat bei anderweitigen heftigen Bewegungen des Thieres auf, immer dann mit vermehrter Athemfrequenz und stertoröser Respiration verbunden.

Natürlich konnten die so gewonnenen Curven nicht verwerthet werden. Die Reize mussten also so abgestuft werden, dass sie keine lästigen Nebenerscheinungen mehr verursachten. Uebrigens gaben die erwähnten Beobachtungen aufs Neue den Beweis, wie ausserordentlich leicht Reflexe von sensiblen Bahnen auf die vasomotorischen Nerven übertragen werden. Dass die Athmung es ist, die zunächst in Folge sensibler Eindrücke alterirt wird, und dass sie dann vorzugsweise auf die Blutfülle der cerebralen Gefässe wirkt, ist von Jolly und Riegel[61]) nachgewiesen. Bei meinen Versuchsthieren war es natürlich nicht möglich, durch Narkose die Sensibilität und so das Hauptglied der Reflexkette auszuschalten, wie es den erwähnten Beobachtern am Kaninchen gelungen ist.

Was nun den mittleren Blutdruck anbetrifft, so war derselbe bei den vorgenommenen 8 Reizversuchen während der Stromdauer erhöht, ebenso trat bei allen 8 Versuchen nach Oeffnung des Stromes wieder eine Erniedrigung des mittleren Blutdrucks auf. In 7 Versuchen von den 8 war schon während der ersten Respirationswelle der Stromdauer der mittlere Blutdruck erhöht, in dem noch übrigen Versuch stieg er erst im Verlauf der Stromdauer. Die Zahlenwerthe für die Schwankungen des (halben) mittleren Blutdrucks in Centimetern Quecksilber ausgedrückt sind aus umstehender Tabelle ersichtlich.

Die mittlere Elevation der Pulsgipfel über die Curve des mittleren Druckes war bei 6 Versuchen während der Stromdauer geringer als vorher. Bei einem Versuch bleibt sich die durchschnittliche Elevation gleich, bei einem ist sie grösser als in der Norm.

---

61) l. c.

Faradisation.

Nr. des Versuchs.	Dauer der Reizung.	Mittlerer Blutdruck.				
		Vor der Reizung.	Erste Respiration nach S.	Während der Reizung.	Erste Respiration nach Ö.	Nach der Reizung.
1	24″	4,50	4,50	4,80	4,65	4,48
2	37″	5,04	5,50	5,56	5,71	5,37
3	14″	4,02	4,20	4,42	4,50	4,40
4	5″	3,46	4,12	4,28	3,13	3,50
5	9″	3,50	4,80	4,66	4,42	4,30
6	12″	4,12	4,36	4,31	3,67	3,62
7	· 9″	3,62	3,72	3,62	3,50	3,46
8	8″	3,46	3,83	3,85	3,93	3,61

Bei Eintritt des Stroms werden in 7 Fällen von den 8 die Puls-
wellenexcursionen geringer. Nach der Oeffnung des Stroms verhalten
sich die Pulswellen sehr verschieden. Die zu geringe Anzahl der
jedesmal nach Oeffnung noch beobachteten Pulswellen verbietet jedoch weitere Folgerungen.

Faradisation.

Nr. des Versuchs.	Dauer der Reizung.	Mittlere Elevation in Cm.				
		Vorher.	S.	D.	Ö.	Nachher.
1	24″	1,10	1,05	0,90	0,87	0,65
2	37″	0,90	0,55	0,50	0,65	0,57
3	14″	1,16	1,07	0,80	0,82	0,74
4	5″	0,96	0,70	0,58	0,87	0,84
5	9″	0,84	0,62	0,99	0,66	0,87
6	12″	1,13	0,92	0,95	0,90	0,70
7	9″	0,70	0,60	0,70	0,85	0,87
8	8″	0,87	0,89	0,83	0,90	0,82

Anmerk. Bei dieser und den folgenden Tabellen enthält die
erste Columne die Zahlenwerthe, die vor Beginn der Reizung durch
Durchschnittsberechnung gewonnen wurden, die 2te (S.) die während
der ersten Respirationswelle (etwa 4—5 Pulswellen umfassend),
nachdem der Strom geschlossen wurde, die 3te (D.) den Durchschnitt
aus den Werthen während der ganzen Stromdauer, die 4te (Ö.) die
aus der ersten Respirationswelle nach Oeffnung der Kette, und die
fünfte die aus den nach Aufhören des Reizes noch gezeichneten
Wellen gewonnenen Werthe. Es schien mir aus mehrfachen Gründen
zweckdienlich zu sein, die unter Columne S. und Ö. notirten Werthe.

die also der momentanen Wirkung der Stromschliessung und -Oeff-
nung entsprechen, speciell zu berechnen. Die mittlere Pulsdauer ist unter 8 Fällen 6 mal vermindert,
2 mal bleibt sie der normalen durchschnittlichen Pulsdauer gleich,
6 mal wird sie nach Oeffnung des Stromes wieder grösser, doch
niemals so gross, wie sie vor der Faradisation war. Der Befund
ist so constant, dass kaum ein Zweifel entstehen dürfte, dass wir
es hier mit einer Beschleunigung der Herzthätigkeit durch den
Sympathicus zu thun haben. Bei einigen weiter unten zu erwähnen-
den Reizungsversuchen am N. recurrens war — was ebenfalls für
die eben ausgesprochene Ansicht sprechen dürfte — keinerlei Alteration der Pulsfrequenz nachzuweisen.

Faradisation.

Nr. des Versuchs.	Mittlere Pulsdauer in Secunden.		
	Vor	Während	Nach
	der Faradisation.		
1	1,70	1,00	1,15
2	1,04	0,88	1,30
3	0,76	0,60	0,70
4	0,68	0,50	0,49
5	0,49	0,42	0,50
6	1,00	1,00	1,00
7	1,00	1,00	1,07
8	1,17	1,00	1,20

Die Wellenform während der Dauer des faradischen Stromes
ist eine sehr verschiedene. Das Charakteristische der Pulswellen
ist die geringere Erhebung über die Linie des mittleren Druckes.
Häufig sind unregelmässige Wellenformen, unterbrochene und holprige
Ascensionslinien, schiefe Descensionslinien; in anderen Fällen werden
die vorher etwas unregelmässigen und holprigen Wellen durch die
Faradisation regelmässig und scharf markirt. Ganz abgesehen von
der Berechnung in Zahlen lässt in den meisten Fällen schon der
blosse Anblick der Zeichnung bei einiger Aufmerksamkeit wesentliche Differenzen zwischen den normalen Blutdruckcurven und der
durch Faradisation beeinflussten erkennen, die, wenn auch nicht
bedeutend, doch beachtenswerth sind.

Interessant, namentlich für praktisch therapeutische Fragen, wäre
es gewesen, zu untersuchen, ob die Faradisation des Sympathicus
etwa Alterationen der Spannung und Elasticität des Arterienrohrs
als Nachwirkung hinterlässt.

In einigen Fällen, die aus den Tabellen ersichtlich sind, möchte es fast scheinen, als mache sich eine solche Nachwirkung geltend. Manchmal bleibt der Blutdruck auch nach Oeffnung des Stroms noch höher, als er im normalen Zustand war, manchmal überdauert die charakteristische Wellenform und die verringerte mittlere Elevation die Stromöffnung, allein etwas Bestimmtes lässt sich nicht behaupten. Aus praktischen Gründen, hauptsächlich aus Sparsamkeit, die unsere Zeit und die Grösse der Kymographiontrommel nöthig machte, und aus Furcht vor etwaigen Gerinnungen in der Arterie und im Zuleitungsrohr suchte ich bei jedem Versuchsthier möglichst viele einzelne Reizversuche zu gewinnen und eine längere Registrirung der Blutdruckcurve nach der Stromöffnung war deshalb nicht gut möglich.

Die Pupille wurde leider bei den Pferdeversuchen nicht beobachtet. Da der Kopf des Thieres auf dem Boden lag, so wäre eine Beobachtung ohnehin bei der ungünstigen Beleuchtung nicht wohl thunlich gewesen und nun befanden sich nothwendiger Weise in der nächsten Nähe des Kopfes das Kymographion, die elektrischen Apparate und die Beobachter selbst, so dass eine Controle der Pupille auch deswegen nur mit grossen Schwierigkeiten hätte ausgeführt werden können.

Um noch vor der anatomischen Untersuchung zu constatiren, ob der gereizte Nerv wirklich der Sympathicus war, wurde er in der Regel nach vollendetem Versuch durchschnitten. Schon wenige Stunden darauf zeigte sich dann Hängen des Augenlids, Injection und Hypersecretion der Conjunctiva, laufende Nüstern und enge Pupille. Von einem anatomischen Irrthum, der mir einmal begegnete, wird weiter unten die Rede sein.

Fassen wir die Ergebnisse der faradischen Reizung des Sympathicus zusammen, so können wir aus ihnen wohl mit Sicherheit folgern, dass es möglich ist, vom Halssympathicus aus durch elektrische Reizung den Blutdruck in der Arteria maxillaris zu beeinflussen resp. zu steigern. Die mit ziemlicher Constanz eintretende Erhöhung des Druckes während der Reizung macht diese Annahme berechtigt. Ausserdem ist die vermehrte Spannung der Arterienwandung nachweisbar, möge sie nun von Vermehrung der Widerstände im Verbreitungsgebiet der anderen Aeste der Carotis indirect oder direct durch Contraction der musculären Elemente der Maxillaris zu Stande kommen. — Für eine Beeinflussung des Elasticitätsgrades sprechen ausserdem auch noch die mannigfachen Alterationen, die die Pulswellenform während der Reizung zu erleiden hatte. Sie sind indessen zu unregelmässig und variabel, und individuelle Einflüsse und Fehlerquellen sind zu nahe liegend, als dass wir bestimmte Schlüsse aus der genannten Erscheinung zu ziehen wagten.

Anm. Schon der Zustand der Versuchsthiere und ihrer Arterien ist im hohen Grade suspect, keinesfalls kann man von einem alten, decrepiten, der Anatomie verfallenen Droschkenpferd einen normalen Elasticitätsgrad seiner Arterien verlangen, und Atheromatose und Arteriosklerose spielen auch bei diesen Thieren eine grosse Rolle.

Galvanisation des Sympathicus.

Es war anscheinend gelungen, für den Sympathicus durch faradische Reizung das Analogon desjenigen Reizeffectes herbeizuführen, der für den motorischen Nerven in der Muskelcontraction besteht.

Das nächste Bestreben musste nun sein, zu untersuchen, ob für den genannten Nerven ähnliche Gesetze bestehen, wie sie für den motorischen in der Lehre vom Elektrotonus und im Zuckungsgesetz gegeben sind.

Ermuthigt durch die Versuche mit dem faradischen Strom und ausserdem angeregt durch die Landois-Mosler'sche Arbeit über Elektrotonus der Pupillenfasern hoffte ich bei Schliessung und Oeffnung des constanten Stromes in rasch eintretenden Blutdrucksteigerungen Erscheinungen zu erhalten, die in ihrer physiologischen Bedeutung den Schliessungs- und Oeffnungszuckungen des Pflüger'schen Gesetzes gleichwerthig zu setzen sein würden.

Die Anordnung war dieselbe, wie bei den faradischen Reizversuchen, der Erfolg blieb hinter dem der letzteren weit zurück. Die zu untersuchenden Punkte waren natürlich die nämlichen, wie bisher: Blutdruck, mittlere Elevation, Herzfrequenz.

Die Werthe für den Blutdruck während der Stromdauer lassen keineswegs ein so constantes Verhältniss zu denen der unbeeinflussten Curve erkennen, wie ein solches beim faradischen Strom nachweisbar war.

Eine unbedeutende Steigerung findet sich unter 7 angestellten Versuchen 4 mal. Doch war ja auch dem Zuckungsgesetz nach keine Reaction während des ruhigen Durchfliessens des Stromes zu erwarten. Aber auch bei Stromschluss war eine auffallende Steigerung des Blutdrucks nirgends nachzuweisen, jedoch ist in allen 7 Versuchen der durchschnittliche Blutdruck während der ersten 5—6 Pulswellen nach Stromschluss höher als vorher. Die Steigerung beträgt 0,1—0,4 Cm. Quecksilber. Der Strom war dabei ein so inten-

siver, dass er bei Versuchen am Menschen mit befeuchteten Elektroden starke Schliessungs- und Oeffnungszuckungen an der Ober-
extremität hervorbrachte; das Galvanometer schlug regelmässig aus.
Die Stromrichtung scheint nicht von Einfluss zu sein, bei den geringen erzielten Reizeffecten konnte diese Frage übrigens nicht untersucht werden. Oeffnungsreaction, d. h. gesteigerter Blutdruck im
Moment oder kurz nach der Stromöffnung, ist bei keinem der 7 Versuche nachzuweisen, im Gegentheil fallen die Werthe für den Blutdruck bei und nach der Oeffnung sogar durchweg gegen den mittleren Druck während der Stromdauer ab. Während der letzteren
hielt sich übrigens der mittlere Blutdruck sogar häufig unter der Norm.

Galvanisation.

Nr.	Intensität	Richtung	Dauer	Mittlerer Blutdruck.				
	des Stromes.			Vorher.	S.	D.	Ö.	Nachher.
1	20 El.		34''	4,50	4,90	4,80	4,60	4,48
2	40 -		68''	5,04	5,12	5,56	5,12	5,37
3	40 -		9''	3,24	3,40	3,37	3,70	3,54
4	40 -		27''	3,54	3,78	3,48	3,31	3,34
5	40 -		8''	5,45	?	5,40	5,50	5,39
6	40 -		20''	5,39	5,62	5,51	5,37	5,28
7	40 -		21''	5,28	5,35	5,18	4,72	5,17

Die Elevation der Pulsgipfel über die Curve des mittleren Blutdrucks ist auch während des constanten Stroms geringer als in der
Norm. Nur zweimal findet das umgekehrte Verhältniss statt. Einmal während einer länger dauernden Reizung nehmen die Pulswellen
immer mehr an Höhe ab, nach Oeffnung werden sie aber sofort
wieder höher. Auch im Moment der Oeffnung und Schliessung findet
keine auffallende Alteration der Wellenhöhen statt.

Galvanisation.

Nr.	Stärke	Richtung	Dauer	Mittlere Elevation.				
	des Stromes.			Vorher.	S.	D.	Ö.	Nachher.
1	20 El.		34''	1,10	0,72	0,90	0,67	0,65
2	40 -		68''	0,90	0,67	0,50	0,50	0,57
3	40 -		9''	1,11	1,05	1,10	1,40	1,36
4	40 -		27''	1,36	1,40	1,54	1,20	1,11
5	40 -		8''	1,17	0,70	1,13	1,07	1,10
6	40 -		20''	1,10	1,07	1,16	1,07	1,03
7	40 -		21''	1,03	1,10	1,00	0,67	0,88

In Bezug auf die Form der Wellen kommen selten merkliche Differenzen vor, einige Mal Dikrotismus, unbedeutende Unebenheiten, aber nichts, was uns zu weiteren Schlüssen veranlassen könnte.

Unter 7 Versuchen ist 5 Mal die Herzfrequenz während der Stromdauer gesteigert. Nach der Oeffnung der Kette wird sie nur 3 Mal etwas geringer, als während der Dauer des Stroms.

Galvanisation.

Nr.	Stärke	Richtung	Dauer	Mittlere Pulsdauer.		
				Vor	Während	Nach
		des Stromes.			der Reizung.	
1	20 El.	↓	34″	1,70	1,00	1,15
2	40 –	↓	68″	1,04	0,88	1,30
3	40 –	↓	9″	0,81	1,55	1,00
4	40 –	↓	27″	1,00	1,03	1,00
5	40 –	↓	8″	1,25	1,00	1,24
6	40 –	↓	20″	1,24	1,18	1,12
7	40 –	↓	21″	1,12	1,00	1,00

Leider war es bei der Eigenthümlichkeit der Versuchsthiere und der Locale nicht möglich, eine grössere Batterie zu den Versuchen zu verwenden. Wenn auch mein Apparat im frischgefüllten Zustande einen ausgezeichneten Strom liefert, der der Intensität von eben so vielen Siemens'schen Elementen wenig nachgeben wird, so wäre es doch möglich, dass die galvanische Erregbarkeit des Sympathicus eine so geringe ist, dass ganz enorme Reizgrössen angewendet werden müssten.

Uebrigens stimmen die beim Pferd erhaltenen, für den constanten Strom fast negativen Befunde auffallend überein mit anderen an Katzen angestellten Reizungsversuchen und werde ich unten noch Gelegenheit haben, dies ausführlich zu erörtern.

Bei der galvanischen Reizung fand ich nach dem Vorstehenden also keineswegs die erwarteten Effecte, nicht einmal Volta'sche Alternativen, sonst das stärkste Reizmittel für den motorischen Nerven, hatten irgend welchen Erfolg.

Einmal glaubte ich schon das Zuckungsgesetz für den Sympathicus in seinen verschiedenen Formen auf dem Kymographion verzeichnet zu haben, da ergab leider am folgenden Tage die anatomische Untersuchung, dass der gereizte Nerv nicht der Halsstrang, sondern der abnorm dicht neben dem Vagus verlaufende Laryngeus inferior war. Wenn auch der Vorfall keinen directen Werth für meine Untersuchungen hatte, so ist er doch interessant genug, um kurz besprochen zu werden:

Der Pseudosympathicus lag in gewöhnlicher Weise auf den Elektroden. Nachdem verschiedene kurzdauernde faradische Reizungen mit bedeutendem Effect auf den Blutdruck vorausgegangen waren, wird ein aufsteigender Strom von 40 Elementen eingeleitet. Bei Schluss steigt der Blutdruck rapid um 1,2 Cm. Hg. Die Ascensionslinie ist uneben, die Pulswelle ganz klein. Eine besondere Unruhe des Thieres ist nicht bemerklich, die Respiration nicht beschleunigt. Das Pferd hatte zwar bei den ersten Reizungsversuchen Reflexbewegungen ausgeführt, schien aber jetzt die Sache besser gewohnt und hielt ruhig.

Nach etwa 1 Secunde Stromdauer werden die Pulswellen wieder regelmässig, der Blutdruck bleibt jedoch constant erhöht. Nach Ablauf der zweiten Respiration Volta'sche Alternative: der Blutdruck steigt im Moment um fast 3 Cm. mit holpriger Ascensionslinie; sofort wieder Abfall auf die frühere Höhe. Bei einer zweiten Stromwendung der nämliche Effect und bei der Kettenöffnung, die nach 16" Dauer erfolgt, wieder eine Oeffnungsreaction der beschriebenen Art, die geringer war, als die Schliessungsreaction. Wenn wir die plötzliche Steigerung des Blutdrucks in Analogie mit dem Zuckungsgesetz als „vasomotorische Zuckung" bezeichnen dürfen, so können wir den Vorgang nach dem bekannten Schema in folgende Formel bringen:

Aufsteigender Strom: S. Z.
D. Te.
VA. Z.
D. Te.
VA. Z.
D. Te.
Ö. Z.

Nachdem ich das längst erwartete Zuckungsgesetz für den Sympathicus so glücklich gefunden glaubte, war ich natürlich von der Entdeckung meines Irrthums sehr unangenehm überrascht. Leider hatte ich keine Gelegenheit mehr, den Versuch zu wiederholen und habe also über die Genese seines paradoxen Resultates nur Vermuthungen auszusprechen.

Wären beide N. recurrentes gereizt gewesen, so wäre es leicht denkbar, dass durch eine bei jeder Stromschwankung eintretende Verschliessung der Glottis der Blutdruck im Thorax erhöht, und dass auf diese Art auch die Halsgefässe beeinflusst worden seien. Allein eine einseitige Contraction der Verschliesser der Glottis kann doch nicht denkbar eine solche Wirkung haben. Allerdings wurde

auf die Respiration des Thieres nicht mit der Aufmerksamkeit ge-
achtet, die man später für wünschenswerth halten musste, aber wenn
schwere Störungen der Athmung aufgetreten wären, so wäre mir das
doch bestimmt aufgefallen. An directe Beeinflussung vasomotorischer
Fasern ist wohl ebensowenig zu denken, und ich kann mir die Sache
nur wieder durch Reflexvorgänge erklären. Es müssten im Recurrens
sensible Fasern verlaufen, von denen aus vasomotorische Centren
zur Reflexaction veranlasst werden könnten. Ob diese Centren direct
die vasomotorischen der Medulla waren, oder ob vielleicht in be-
schleunigter Respiration noch ein Mittelglied der Reflexkette vorhanden war, muss ich unentschieden lassen. Nach den Untersuchungen von Riegel und Jolly wäre an letzteren Weg zu
denken, nur spricht dagegen wieder der Umstand, dass uns keine
Störung der Athmung auffiel, und zur Hervorrufung solcher Schwankungen, wie sie unsere Curve aufweist, wäre doch jedenfalls eine
geringfügige Dyspnoe nicht ausreichend gewesen. Vielleicht geben
spätere Versuche Gelegenheit, die Erscheinung noch einmal zu untersuchen, von directer Wichtigkeit für die uns beschäftigende Frage
ist sie nicht.

IV.

Die Versuche am Pferd, so ungenügend sie auch wegen der
Rohheit der Methode und der Grösse der Versuchsthiere sein mögen,
und so wenig befriegend im Ganzen die Resultate derselben waren,
hatten doch bewiesen, dass es mit beiden Stromarten möglich sei,
einen Einfluss auf die im Sympathicus verlaufenden vasomotorischen
Fasern der Kopfgefässe auszuüben. Es galt nun, die Art und Weise
dieses Einflusses durch genauere Versuche festzustellen, und vor
Allem waren es die im Ganzen doch sehr ungenügenden Befunde
über die Galvanisation, die mich veranlassten, gerade dieses Kapitel
weiter zu untersuchen.

Ich ging von der Ansicht aus, dass die pupillären Fasern des
Halsstranges, wie sie in ihrem Ursprung [62] und Verlauf viel mit den
vasomotorischen gemein haben, so auch in ihren elektrischen Er-
regbarkeitsverhältnissen ähnliche Erscheinungen darbieten würden,
wie diese, und da ohnehin die pupillären Fasern schon von Lan-

62) Siehe Budge, Die Bewegungen der Iris. S. 118. Salkowsky l. c.
in Henle und Pfeufer's Zeitschrift, dagegen: Claude Bernard compt. rend.
1862. p. 572, Gazette hebdom. 1862. p. 585. Arch. génér. 1862. p. 498. L'union
médic. 1862. p. 114 und 162. .

dois und Mosler zum Gegenstand ähnlicher Untersuchungen gemacht worden waren, unternahm ich eine Versuchsreihe, bei der der
M. dilatator iridis als Prüfungsorgan für die Nervenreizung fungiren
sollte.

Am Kaninchen schienen mir die anatomischen Verhältnisse des
Halssympathicus zu subtil: der Nervenstamm ist ein dünner Faden,
der mit der äussersten Schonung behandelt werden muss, und der
Sympathicus des Kaninchens eignet sich meiner Erfahrung nach
überhaupt weniger zu Reizversuchen, als zur Demonstration der
Lähmungserscheinungen. An Hunden standen die schon erwähnten
Verwachsungen mit dem Vagus hindernd im Wege, aber an der
Katze fand ich ein in jeder Beziehung geeignetes Versuchsthier.

Der Halssympathicus liegt bei diesen Thieren vollständig isolirt,
aber mit dem Vagus und der Carotis in eine bindegewebige, leicht
zu eröffnende Scheide eingeschlossen und ist durch eine sehr einfache
Operation — bei Umgehung der grossen Hautvenen fast ohne Blutverlust — blosszulegen. Unter 15 Versuchsthieren fand ich nur
1 mal eine abnorme innige Verwachsung mit dem Vagus und auch
bei diesem Thier bestand die genannte Abnormität nur auf einer
Seite. Die Pupille ist wegen ihrer grossen Beweglichkeit und der
intensiv gelben Iris ausserordentlich zur Beobachtung geeignet und
ohne weitere Hülfsmittel gelang es auch, ganz geringe „Zuckungen"
des Radialmuskels zu beobachten.

Natürlich mussten alle Reflexe ausgeschlossen werden, mit denen
die Pupille auf sensible Reize zu reagiren pflegt. Ich konnte oft,
wenn das Auge des nicht narkotisirten Thieres dem Licht zugekehrt
war, sehr deutlich den Einfluss geringer sensibler Eindrücke auf die
Fasern des Dilatator beobachten. Die Thiere mussten also narkotisirt werden; in den ersten Versuchen geschah dies durch Aether.
Wegen des enormen Verbrauchs an diesem Narcoticum und wegen
seiner ungenügenden Wirkung nahm ich jedoch später Chloroform
und hatte von diesem, mit Ausnahme einiger Todesfälle durch
Asphyxie, durchweg gute Erfolge zu verzeichnen.

Einigermaassen störend war die Wirkung des Chloroforms auf
die Iris. In den meisten Fällen war die Pupille in den ersten
Stadien der Narkose, hauptsächlich während der oft sehr bedeutenden Exaltation, vollständig erweitert. Bei tiefer Narkose wurde sie
eng und in günstigen Fällen so eng, dass sie einen kaum 1 Mm.
breiten Spalt vorstellte. Häufig jedoch persistirte die Mydriasis
während der ganzen Narkose und machte erst am Schluss derselben
einer Pupillenverengerung Platz, die dann aber anhaltend war. Es

galt also, den günstigen Zeitpunkt herauszufinden, in dem die Pupille und die Reflexerregbarkeit diejenigen Verhältnisse darboten, die zur Vornahme der Reizversuche unerlässlich waren. Häufig gingen dabei viertel und halbe Stunden verloren, und die Pupillenerweiterung, die nicht weichen wollte, machte mir viel zu schaffen. Calabar, das in solchen Fällen in den Conjunctivalsack eingeträufelt wurde, war auch in starken Dosen vollständig wirkungslos.

Die Augenlider und die Nickhaut wurden durch einen Lidhalter auseinander gespannt, das Thier lag in Rückenlage und der Sympathicus war am Halse blossgelegt. Die Elektroden bestanden aus blanken Kupferdrähten, deren Enden in einer Distanz von 3—4 Mm. in eine kleine elfenbeinerne Rinne eingelassen waren und zwar so, dass sie dieselbe quer durchsetzten. Der Nerv in dieser „schiffförmigen" Rinne den Elektroden aufliegend, wurde auf diese Weise so wenig wie möglich insultirt und konnte während des ganzen Versuchs hie und da durch verdünnte Kochsalzlösung angefeuchtet liegen gelassen werden, während die unterliegenden Weichtheile durch eine kleine untergeschobene Kautschukplatte vor etwaigen Stromschleifen geschützt waren.

(Die erwähnten Elektroden nach den Angaben von Herrn Prof. Voit angefertigt und in dessen Laboratorium sehr häufig angewendet, sind sehr empfehlenswerth und ersparen unter Umständen einen Assistenten.)

Die stromgebenden Apparate waren die auch bei den Pferdeversuchen benutzten. Der Inductionsstrom konnte durch Verschiebung der mit Scala versehenen secundären Spirale und ausserdem durch Verschieben des Eisenkerns der primären Rolle abgestuft werden. Später wandte ich der Einfachheit der Ablesung wegen einen du - Bois'schen Schlittenapparat mit Scala und Daniell'schem Element an. In den Kreis des constanten Stroms war ein Hirschmann'-sches Galvanometer eingeschaltet. Die Umschaltung der beiden Stromarten geschah wieder durch die Pohl'sche Wippe, der Commutator befand sich an der transportablen Batterie, Oeffnung und Schliessung geschah durch einen als gut leitende Nebenschliessung eingeschalteten du Bois'schen Schlüssel.

Da die Resultate der vorgenommenen Versuche in Einzelheiten bedeutend differiren, halte ich es für das Beste, der Reihe nach über die einzelnen Versuche zu referiren, und ich werde bestrebt sein, dies in möglichster Kürze zu thun.

1. Versuch.

Reizung des isolirten aber undurchschnittenen Sympathicus. — Auf minimale faradische Reize tritt schon starke Erweiterung der Pupille ein. Dieselbe beginnt, wie bei allen folgenden ähnlichen Reactionen, im Moment des Stromschlusses, die Erweiterung erreicht aber erst nach einigen Secunden ihre Höhe. Das Maximum von Pupillendilatation ist erreicht, wenn von der Iris nur noch ein ganz schmaler gelbgrüner, ringförmiger Streifen zu sehen ist. Die Dilatation steht in directem Verhältniss zur angewandten Stromstärke, bei faradischen Strömen ist dies durchweg bemerkbar.

Bei Schluss eines im Nerven absteigenden constanten Stromes von 3 kleinen Hirschmann'schen Elementen unbedeutende Erweiterung der Pupille. Nur Schliessungs-, keine Oeffnungsreaction, auch nicht bei stärkeren Intensitäten. Die galvanische Erregbarkeit nimmt rasch ab und ist nach kurzer Zeit erloschen, während der Nerv noch auf schwächste faradische Reize reagirt. Ebenso sind sich rasch folgende Stromwendungen bei geschlossener Kette noch wirksam, auch bei einer Stromstärke von nur 3—4 Elementen. Im Verlauf des Versuches wird auch die faradische Erregbarkeit geringer und es erfolgen die Reactionen nicht mehr mit der früheren Präcision.

2. Versuch.

Ich wollte versuchen, am Thiere die nämlichen Bedingungen herzustellen, unter welchen beim Menschen die Sympathicusgalvanisation vorgenommen wird, d. h., ich wollte mittelst feuchter, mit Leinwand überzogener Elektroden den Strom in der Halsgegend durch die unverletzte Haut leiten. Auch bei hohen Stromstärken des Inductionsapparates war es jedoch nicht möglich, durch die geschorene und stark befeuchtete Haut irgend welche Pupillenreaction zu erzielen. Das gleichzeitige Fehlen von Muskelzuckungen am Hals gab den Beweis, dass das Katzenfell für den Strom vollständig undurchdringlich ist. Ich machte nun einen Längsschnitt am Halse und setzte die knopfförmigen und befeuchteten Elektroden auf die Fascie auf, die eine in der Gegend des Unterkiefers, die andere nach innen vom Sterno-mastoideus im unteren Drittel des Halses. Die faradische Erregbarkeit ist im Gegensatz zum vorigen Versuch ziemlich gering, erst bei einem Rollenabstand von 9 Cm. tritt Reaction ein. Dagegen reagirt die Pupille schon auf ganz geringe Schwankungen des constanten Stroms und zwar ist diese hohe Erregbarkeit nicht vorübergehend, wie im vorigen Versuch, sondern sie erhält sich fast eine halbe Stunde lang, und bei einer Stromstärke von 6 Elementen werden nicht nur Schliessungs-, sondern auch Oeffnungsreactionen beobachtet und zwar bei beiden Stromrichtungen. Wegen der bereits lange dauernden Narkose muss der Versuch unterbrochen werden und wird erst nach 2 Tagen fortgesetzt.

3. Versuch.

Das nämliche Thier. — Die in Heilung begriffene Hautwunde wird wieder geöffnet und zuerst constatirte ich die Befunde vom vorigen Versuch bei perfascialer Reizung. Die Erscheinungen treten noch ebenso auf wie vor 2 Tagen. Die Chloroformnarkose ist, wie bei den meisten Thieren, die ich zum zweiten Male chloroformirte, ausgezeichnet gut und die Pupille spaltförmig. Der Sympathicus wird nun aufgesucht und unzerschnitten auf die Elektroden gebracht. Statt der bei cutaner Reizung gefundenen geringen faradischen Erregbarkeit findet sich jetzt diese ausserordentlich hoch: während früher das Minimum der Wirksamkeit 9 Cm. Rollenabstand mit Metallkern in der primären Spirale betrug, tritt jetzt schon bei 13 Cm. Rollenabstand ohne Metallkern deutliche Reaction auf. Statt der früher gefundenen faradischen Erregbarkeit durch die Haut bei 3 El. S. findet sich jetzt erst eine mässige Schliessungsreaction bei 10 Elementen. Es ist nicht anzunehmen, dass der Nerv schon ermüdet ist. Beim vorigen Versuch hielt sich die galvanische Erregbarkeit, wie schon erwähnt, eine halbe Stunde lang und die Constatirung der Zuckungsminima für die cutane Reizung war mit solcher Schnelligkeit, die Isolation des Nerven mit solcher Schonung ausgeführt worden, dass eine schädliche Einwirkung dieser Vornahmen wohl nicht zu vermuthen ist. Die galvanische Erregbarkeit sinkt sehr rasch und harmonirt der Versuch dann mit Versuch 1: — hohe faradische und äusserst geringe galvanische Erregbarkeit schon nach wenigen Minuten. Der Verdacht, dass bei der cutanen Reizung die Pupillenreaction nicht Folge der elektrischen Sympathicuserregung, sondern Product irgend eines im Centrum ciliospinale übertragenen Reflexvorganges sei, lag nahe, und da der Vagus neben anderen Organen zunächst bei der cutanen Reizung im Gebiet des Stromes sich befunden hatte, so richtete sich meine Aufmerksamkeit auf diesen Nerven, von der Idee ausgehend, dass dessen centripetale Fasern irgendwie in Action hätten sein können. Der Vagus wird also isolirt und kommt mit dem Sympathicus zugleich auf die Elektroden. Die faradische Erregbarkeit, die noch kurz vorher, wie erwähnt, sehr hoch war, sinkt sofort analog dem Verhalten bei percutaner Faradisation. Die galvanische Erregbarkeit dagegen, die bei isolirter Reizung des Sympathicus = 0 war, steigt rasch und bei Schliessung einer Kette von 3 Elementen tritt Pupillenerweiterung auf. Das Thier war dabei vollständig ruhig, namentlich die Respiration regelmässig, keine Reflexbewegungen und tiefe Narkose. Die Befunde bei gleichzeitiger Reizung von Vagus und Sympathicus wurden noch einigemal wiederholt constatirt. Leider konnte die Narkose nicht mehr verlängert werden. Nachdem wir das Thier einige Minuten hatten ruhen lassen und dann wieder chloroformirten, starb es in Asphyxie. Zur Zeit der letzten vorgenommenen Reizversuche war es jedoch noch vollständig normal.

4. Versuch.

Percutane Reizung: Faradische Erregbarkeit gering (8,0 mit Kern), galvanische Erregbarkeit 10 El. S. Z. Die Nerven werden präparirt, Vagus und Sympathicus sind wegen inniger Verwachsungen nicht zu trennen. Experimentell, durch Beobachtung von Pupille und Herz, wird jedoch constatirt, dass sowohl sympathische als Vagusfasern sich in dem Nervenstrang befinden, der mit der Carotis verläuft. Der Vago-Sympathicus kommt auf die Elektroden. Im Gegensatz zu den Resultaten der percutanen Reizung findet man jetzt eine ausserordentlich empfindliche faradische

Erregbarkeit (13,0 ohne Kern), dagegen ist die galvanische Erregbarkeit gar nicht mehr vorhanden, und selbst Oeffnung und Schliessung eines Stromes von 40 Elementen mit starker Ablenkung der Galvanometernadel haben keine Reaction mehr zur Folge. Bei rasch sich folgenden Stromwendungen bei 3 Elementen tritt sofort Tetanus des Dilatator Iridis auf. Während des Versuches sinkt auch die faradische Erregbarkeit unbedeutend, die galvanische bleibt Null.

5. Versuch.

Sympathicus und Recurrens liegen zusammen auf den Elektroden. Bei Faradisation und Rollenabstand 12,1 Cm. (Du Bois'scher Schlitten) tritt Erweiterung der Pupille auf. Der Vagus, isolirt gereizt, hat keinen Einfluss auf die Weite der Pupille, erst nach längerer Faradisation tritt, wahrscheinlich als Folge der gehemmten Respiration, leichte Erweiterung der Pupille auf. Galvanische Reizung des Sympathicus und Recurrens ergibt Schliessungszuckung schon bei einer Stromstärke von 1 Element. Bei Anwendung mehrerer Elemente tritt eine etwas stärkere Zuckung auf, dieselbe findet jedoch nur bei Schliessung, niemals bei Oeffnung statt und ist auch bei Schluss einer Kette von 40 Elementen höchst unbedeutend. Voltaische Alternativen sich rasch folgend haben sofortige Erweiterung der Pupille zur Folge. Auch bei länger andauernden galvanischen Strömen zeigt sich keine Reaction, so dass nicht zu vermuthen ist, dass ich nur deshalb keine Reaction bekam, weil ich den Strom nicht lange genug einwirken liess. Wird das ganze Paquet der Nerven gereizt, so steigt die faradische Erregbarkeit etwas (18,0 Rollenabstand). Man versucht nun, den Sympathicus durch länger einwirkende faradische Ströme in seiner Erregbarkeit zu erschöpfen, trotzdem steigt diese aber noch für die Faradisation. Wird der Recurrens allein gereizt, so tritt gar kein Effect ein. Bei isolirter Reizung des Sympathicus ist die faradische Erregbarkeit wieder gestiegen, die galvanische ist während der ganzen Versuchsdauer vollständig aufgehoben. Wird der Recurrens wieder zum Sympathicus auf die Elektroden gelegt, so sinkt die faradische Erregbarkeit bis zu einem Rollenabstand von 8,0 Cm., die galvanische hat ein Minimum von 20 El. Später ist plötzlich die galvanische Erregbarkeit am Sympathicus wieder 10 Elemente.

Die Versuche über die Einwirkung des Stromes auf die pupillären Fasern habe ich später bei Gelegenheit meiner Gehirndruckuntersuchungen noch fortgesetzt, und die Anzahl der Reizungen ist wohl genügend, um ein vorläufiges Urtheil zu erlauben, wenn auch nicht vollständig zu begründen. Das auffallendste Ergebniss war der in den meisten Fällen negative Befund über die Wirkung des constanten Stroms. Bei den beschriebenen Pupillenuntersuchungen bestand zwar in der Regel eine Reaction der Pupille auf Schwankungen des constanten Stroms, jedoch war dieselbe keineswegs so, wie man erwarten musste; bei den späteren Gehirndruckversuchen wurde auch die Pupille regelmässig in den Kreis der Beobachtung

gezogen und es fand sich bei keinem der angestellten Reizversuche
eine durch Oeffnung oder Schliessung des constanten Stromes ver-
ursachte Pupillenerweiterung. Die auf diese Weise hervorgerufenen
Reactionen, wie sie bei den Versuchen 1—5 vorkommen, hatten
durchweg verschiedene Eigenthümlichkeiten, die sie von der durch
faradische Reizung veranlassten Pupillenreaction unterscheiden. Während bei Faradisation sich die anfangs spaltförmige, oft gänzlich
verschwindende Pupille bei einigermassen wirksamer Stromstärke
zu einer grossen kreisrunden Oeffnung erweiterte, traten bei den
Schwankungen des constanten Stromes nur unbedeutende ruckartige
Zuckungen auf, und die Pupille verlor niemals ihre geschlitzte spaltförmige Gestalt, um kreisrund zu werden.

Am besten war die galvanische Erregbarkeit gewöhnlich zu
Anfang des Versuches. Im weiteren Verlaufe verlor sie sich rasch
und war dann auch durch hohe Intensitäten nicht mehr hervorzurufen.

Oeffnungszuckungen oder „Dauerreactionen" fand ich bei der
Galvanisation des isolirten Nerven niemals und auch die Schliessungs-
dilatationen waren, wie schon bemerkt, sehr unbedeutender Art.
Dass der Grund dieser Erscheinungen nicht in den Apparaten lag,
bewies der regelmässig beobachtete Galvanometerausschlag und der
Umstand, dass der nämliche Strom, der früher wirkungslos war, im
Stande war, durch Stromwendungen den Nerven zu tetanisiren resp.
die Pupille zu tonischer Dilatation zu bringen.

Die geringen Erfolge der Galvanisation sind vielleicht geeignet,
uns einige am lebenden Menschen gemachte Beobachtungen zu erklären. Das auffallend selten constatirte Auftreten von Pupillenreaction bei der therapeutischen Galvanisationsweise am Halse hat
vielleicht seinen Grund darin, dass der Nerv überhaupt schwer und
nur kurze Zeit galvanisch erregbar ist, dass sehr bald Erschöpfungs-
vorgänge auftreten und dass es überhaupt zu energischer Erregung
des Pupillensympathicus nicht blos einer einzelnen Dichtigkeits-
schwankung des Stromes bedarf, sondern dass dazu mehrere und
sich rasch folgende Reizmomente nöthig sind, die, wie im Inductions-
strome und in der raschen Folge von Oeffnung und Schliessung
des galvanischen Stroms, cumulativ wirken. Nehmen wir weiter
noch Rücksicht auf die Geringfügigkeit der wirklich beobachteten
Reactionen und vergegenwärtigen wir uns das, was oben über
Pupillometrie gesagt wurde, so wird die vorhin ausgesprochene Vermuthung noch bekräftigt.

Die übrigen Ergebnisse unserer Versuche an Katzen sind im
hohen Grade zweifelhafter und sich widersprechender Natur. Es

müsste eine Menge ähnlicher Untersuchungen angestellt werden, um fehlerfreie Schlüsse aus ihnen ziehen zu können. Merkwürdig ist Versuch 3 und 4. Bei der percutanen Reizung besteht hier eine abnorm grosse galvanische Erregbarkeit, so dass neben einer Schliessungs- auch Oeffnungsreaction auftritt. Die faradische Erreg-barkeit ist bei percutaner Anwendung nachweisbar, aber nicht sehr gross. Wird der Nerv isolirt, fallen also die Widerstände, die der Strom auf seinem Weg zu ihm durchbrechen musste, weg, so war zu erwarten, dass jetzt schon bei viel geringerer Intensität beider Strom-arten Dilatation auftreten musste. Beim faradischen Strom war dies auch wirklich der Fall und aus der Differenz der zuerst nöthigen Stromstärke (die bei mir mit feuchten Elektroden am Vorderarm schon Zuckungen zur Folge hat) und der zweiten Intensität (Strom kaum auf der Zunge fühlbar) ist uns ein lehrreicher Beweis, wie ausserordentlich wenige Stromfäden den hier nur wenige Millimeter unter der Haut liegenden Nerven bei der percutanen Faradisation getroffen haben. Dabei ist noch zu beachten, dass der bei elektro-therapeutischen Proceduren wirksamste Widerstand der Cutis und Epidermis durch den angelegten Hautschnitt ausgeschaltet war, und dass der Strom nur eine dünne Fascie und etwas Muskelgewebe zu durchbrechen hatte.

Beim galvanischen Strom verhielt sich die Sache anders. Statt dass wie früher Schliessungs- und Oeffnungsreaction bei geringer Stromintensität auftrat, musste diese erhöht werden, um überhaupt eine schwache Schliessungsreaction hervorzurufen. War die Mit-betheiligung sensibler Fasern und des Vagus im ersten Falle an dieser befremdenden Erscheinung Schuld?

Wird Vagus und Sympathicus zugleich gereizt, so zeigen sich die nämlichen Eigenthümlichkeiten, wie bei der ersten percutanen Reizung.

Die nächstliegende Idee, dass der Sympathicus auf dem Wege sensiblen Reflexes in Thätigkeit versetzt worden sei, würde deswegen weniger wahrscheinlich. Für die Herabsetzung der faradischen Reizbarkeit bei gleichzeitiger Faradisation des Vagus finde ich keine plausible Erklärung. Möglicherweise könnte der N. depressor von L u d w i g und C y o n eine Rolle spielen, die den Füllungszustand der Gefässe der Iris beeinflusst. Warum aber dann die erhöhte galvanische Erregbarkeit? Warum bei gleichzeitiger Reizung des Vagus wieder erhöhte galvanische Reaction, wie wir sie am isolirten Sympathicus niemals fanden. Ich würde die paradoxe Erscheinung gern als auf einem Versuchsfehler beruhend betrachten, zumal da sie nur bei einem einzigen Thier in ihrer Vollständigkeit nachzuweisen war. Aber gerade dieser einzige Fall war genau beobachtet, gerade durch das Auffallende der Erscheinung stutzig gemacht hatte ich mehrmals den Vagus von den Elektroden genommen und dann wieder in den Kreis des Stromes gebracht und dabei immer die beschriebenen Erscheinungen beobachtet. Auch die bei der angewandten Anordnung ungewöhnlich lange Ausdauer der Erregbarkeit ist auffallend, sie wurde bei keiner der am isolirten Sympathicus vorgenommenen Reizversuche constatirt.

Bei einem nächsten Versuch (Nr. 4), wo Vagus und Sympathicus in einen Nervenstamm verwachsen waren, ging die galvanische Erregbarkeit sehr rasch verloren. Der Grund ist vielleicht darin zu finden, dass der Nerv, um den Nachweis des Verlaufs von beiderlei Fasern in ihm zu führen, vor Vornahme der eigentlichen Reizversuche mit faradischen Strömen behandelt und vielleicht dadurch erschöpft worden war. Steigende galvanische Erregbarkeit fand ich im Versuch 5 auch in dem Falle, dass der Recurrens neben dem Sympathicus auf die Elektrode gebettet war. Reizung des isolirten Recurrens, zu der ich durch meine am Pferd gemachten Erfahrungen veranlasst wurde, blieben ganz ohne Erfolg auf die Pupille. Das vollständige Zuckungsgesetz fand ich also nur in einem Falle, und zwar in dem, dass der N. vagus entweder percutan, oder direct gleichzeitig mit dem Sympathicus vom Strom getroffen wurde. In allen anderen glücklichen Fällen erhielt ich nur Schliessungs-, in den meisten gar keine Reaction. Meine Erfahrungen über die Einwirkung gleichzeitiger Vagusgalvanisation harmoniren eigenthümlich mit den Versuchen von Landois und Mosler. Die Schliessungs- und Oeffnungszuckung trat bei beiden Stromrichtungen ein, nur eine wesentliche Differenz in der Quantität der Effecte konnte ich dabei — allerdings nur mit dem Augenmaass beobachtend — nicht finden. In allen anderen Fällen reiner Sympathicusreizung, und ich habe deren zu Dutzenden vorgenommen, erhielt ich nur Schliessungsreaction. Die anatomischen Verhältnisse beim Hund, welchen Thieres sich Landois und Mosler zu ihren Versuchen bedienten, habe ich oben schon erwähnt; bei dem innigen Connex, in dem der Vagus mit dem Sympathicus beim Hunde steht, wäre es wohl nicht unmöglich, dass von Landois und Mosler zu gleicher Zeit Sympathicus und Vagusfasern gereizt worden wären und dass das Zustandekommen der Oeffnungszuckung vielleicht hierauf zurückzuführen wäre. Unsere Beobachtungen wären dann übereinstimmend. Möglich, dass vielleicht der Vagus durch seine Wirkung auf das

Herz irgendwelche Modification in der Blutfüllung der Iris herbei-
führt, so dass diese erregbarer wird. Eine bestimmtere Vermuthung
auszusprechen, bin ich ausser Stand, und der eine Versuch, der
allerdings der Mittheilung und Besprechung werth ist, ist noch nicht
genügend, um auf ihn Hypothesen zu bauen.

Auch über die beschleunigende Wirkung des Sympathicus auf
die Herzthätigkeit machte ich Beobachtungen an Katzen. Da eine
genaue und längere Zählung jedoch ihre bedeutenden Schwierigkeiten hatte, und ich mit Beobachtung der Pupille hinreichend beschäftigt war, so versparte ich mir die genannten Untersuchungen
auf später und hoffte, in der bei Darstellung des Gehirndruckes an-
zuwendenden graphischen Methode ein besseres Hülfsmittel zur Zählung zu erhalten.

V.

Der eigentlichen Cardinalfrage, ob es nämlich möglich ist, die
Circulationsvorgänge im Gehirn und seinen Häuten durch die Galvanisation des Sympathicus zu beeinflussen, war ich bisher noch
nicht näher getreten. In der ersten Versuchsreihe am Pferd hatte
ich, von der Vermuthung ausgehend, dass zwischen der Innervation
der äusseren und inneren Kopfarterien Analogien beständen, meine
Untersuchungen nur auf die ersteren ausgedehnt, um dadurch auf
die Vorgänge in letzteren schliessen zu können. Bei den Pupillenversuchen waren die Circulationsverhältnisse ganz ausser Acht gelassen worden, und ich hatte mich auf die Untersuchung der Erregbarkeit sympathischer Fasern im Allgemeinen beschränkt. Es schien
mir jetzt Zeit, einen Schritt vorwärts zu gehen und die Circulation
im Schädel selbst zum Gegenstand meiner Betrachtungen zu machen.
Von blossen makroskopischen Beobachtnngen der Piagefässe sah ich
von vornherein ab, aus Gründen, die ich oben schon angedeutet
habe; eine exacte graphische Methode hielt ich für den einzig rich-
tigen Weg zur Erreichung meiner Ziele. Eine solche wurde gefunden in dem Verfahren von Jolly[63]), der zum erstenmal Curven
des Gehirndrucks bei eröffneter Dura auf dem Kymographion darstellte.

Es war Jolly hauptsächlich um Feststellung absoluter Werthe
für den Gehirndruck und seine Schwankungen zu thun; bei der
Frage, die ich mir gestellt, kam dies weniger in Betracht, mir
konnte die Bestimmung relativer Werthe genügen, und die Veränderungen in Gehirndruck, Athmungs- und Pulsschwankungen

---

63) Jolly, Untersuchung über Gehirndruck und Blutbewegung s. oben.

während der Dauer des Reizes im Vergleich mit eben diesen Verhältnissen im unbeeinflussten Zustande waren auch ohne genaue
Bestimmung der absoluten Grösse des Hirndrucks zu untersuchen.

Dadurch war ich in der Lage, an der Methode von Jolly einige
unbedeutende Veränderungen vornehmen zu können.

Die Thiere — wieder Katzen — wurden tief narkotisirt, am
Seitenwand- oder Schläfenbein mit Schonung der venösen Blutleiter
trepanirt, die Dura mittelst einer feinen Scheere im Bereich der
Trepanationsöffnung abgetragen. Ganz nach den Angaben von
Jolly wurde dann mittelst eingeschraubter, central tubulirter
Metallplatte das Schädelcavum mit dem kleinen von Jolly con-
struirten Quecksilbermanometer verbunden. Das letztere trug in
seinem offenen Schenkel einen cylindrischen Schwimmer von Elfen-
bein, der durch eine verticale feine Metallstange mit dem Schreib-
apparat verbunden war. Dieser besteht aus einem zweiarmigen
Hebel, dessen Arme sich ihrer Länge nach wie 1 : 10 verhalten.
Das Hypomochlion des Hebels bildet eine kleine, zwischen zwei
Säulchen liegende sehr leicht in ihrem Lager sich bewegende Stahl-
axe. Das Axenlager befindet sich auf einer am oberen Ende des
offenen Manometerschenkels angebrachten Messingplatte. Die Stange
des Elfenbeinschwimmers geht zum kurzen Hebelarm, mit diesem
durch einen Zapfen beweglich verbunden, der lange Hebelarm besteht aus der am Kymographion zeichnenden Rohrfeder. Der Elfen-
beinschwimmer folgt den Bewegungen des Quecksilbers, und seine
Excursionen werden in 10 facher Vergrösserung durch den Zeichenhebel auf die berusste Trommel notirt.

Die ersten Versuche fielen mit vollständig negativem Resultate
aus, der Zeichenhebel bewegte sich selten; höchstens bei ganz tiefen
Respirationen des Thieres waren kleine Schwankungen zu beobachten. Den Grund dieser Erscheinung fand ich, nachdem ich die
Schraube wieder aus dem Schädel entfernt hatte. Das Gehirn war
nämlich in der Trepanöffnung förmlich prolabirt und hatte die centrale Oeffnung der Schraube vollständig verlegt. Das nur 4 Mm.
im Lumen haltende Zuleitungsrohr zum Manometer war so wie
durch ein Ventil abgesperrt; durch den starken intracraniellen
Druck lag das Gehirn fest an der Platte an, und es war nicht zu
erwarten, dass auf diese Weise Druckschwankungen hätten übertragen werden können.

Ich liess nun die untere plane Fläche der konischen Schraube,
die mir als Verschluss gedient hatte, concav ausdrehen, aber er-
reichte damit gar nichts. Der immer mehr wachsende Vorfall des

Gehirns hatte den kleinen Hohlraum bald ausgefüllt. Nun benutzte ich eine 7 Mm. im Lichten haltende kurze starke Glasröhre. An ihrem einen Ende war sie in ein kurzes konisches Schraubengewind gefasst und dieses trug an seinen Seiten flügelförmige Handhaben, mittelst deren es leicht gelang, die scharfen Windungen des Instrumentes in die Trepanöffnung einzuschrauben. Ein wasserdichter Verschluss wurde dabei ohne grosse Mühe erreicht. Die Glasröhre wurde mittelst einer kleinen Pipette mit halbprocentiger Kochsalzlösung gefüllt und am Niveau dieser Flüssigkeit waren sofort mit dem blossen Auge die schönsten Athmungs- und Pulsschwankungen zu sehen. Das offene Ende des Schädelrohrs wurde mit der gleichfalls mit Kochsalzlösung gefüllten bleiernen Leitungsröhre zum Kymographion verbunden, die Quetschhähne werden abgenommen und alsbald verzeichnet der Hebel vollständig gelungene Gehirndruckcurven auf der Trommel. Das Manometer arbeitete, nachdem einige unbedeutende Störungen beseitigt waren, mit grosser Genauigkeit, und die Zeichnung war so exact, dass es leicht ist, auf den Curven noch Druckdifferenzen von 0,5 Mm. zu unterscheiden. Diese entsprechen in Wirklichkeit 0,05 Mm. Hg., also 0,80 Mm. Wasser. Mit Hülfe einer Loupe lassen sich an der Curve wohl auch noch geringere Werthe ablesen.

Es braucht nicht erst bemerkt zu werden, dass ein Steigen des langen Hebelarmes und der von ihm gezeichneten Curve einem Fallen des Druckes entspricht und umgekehrt.

Ueber die Genese der mit dieser Methode graphisch dargestellten Bewegungen [64] brauche ich mich nicht weiter zu verbreiten. Die Athmungsschwankungen waren deutlich sichtbar. Mit jeder Exspiration wölbte sich der vorliegende Gehirntheil in die Trepanöffnung vor und veranlasste ein Steigen des Druckes. Jede Bewegung des Thiers, jeder Schrei, jede tiefe Respiration markirt sich sofort an der Curve. Was die Pulswellen betrifft, so fallen diese natürlich mit der systolischen Anschwellung des ganzen Gehirns zusammen. Besonders günstig für meine Untersuchungen, bei denen es im Interesse liegen musste, möglichst directe Bilder des Spannungs- und Füllungsrades der Arterien zu gewinnen, mochte vielleicht der Umstand sein, dass in der Trepanationsöffnung regelmässig einige kleine, aber stark pulsirende Piaarterien vorlagen. Die Pulsation derselben, die sich leicht auf die darüberstehende Flüssigkeitsschicht übertragen konnte, mag vielleicht neben den

64) Siehe Althann, Beiträge zur Physiologie und Pathologie der Circulation. Dorpat 1871.

allgemeinen Pulsschwankungen der Gehirnmasse dazu beigetragen haben, dass die Pulswelle sich mit so grosser Genauigkeit auf der Curve darstellte.

Am Hunde erhielt Jolly durchschnittliche Athmungsschwankungen des Gehirndrucks von 10—20 Mm. Wasser, Pulsschwankungen von 5 — 10 Mm. Bei meinen Versuchen stellten sich die Verhältnisse etwas anders. Dass bei Katzen kleinere Werthe gefunden werden würden, war vorauszusehen, aber auch in dem Verhältniss der beiderlei Schwankungen zu einander hatte ich etwas andere Befunde. In allen Fällen nämlich, wo das Manometer gut arbeitete, hauptsächlich da, wo keine aussergewöhnliche Reibung des Zeichenstiftes an der Trommel der vollständigen Auszeichnung der Pulswellen im Weg stand, wo ferner Herzthätigkeit und Respiration gut und die Narkose tief war, erhielt ich Curven, die vollständig arteriellen Blutdruckcurven entsprachen. Die einzelnen Pulswellen sind dabei hoch und spitz, die Werthe ihrer Excursionen auf Wasser berechnet zwischen 0,8 und 11,4 Mm. Je eine gewisse Anzahl solcher Pulswellen bilden zusammen eine Respirationserhebung und wenn ich versuchte, ähnlich, wie bei meinen vom Pferde gewonnenen Curven, die Durchschnittswerthe für den Gehirndruck aus den einzelnen Pulsschwankungen durch eine mittlere Curvenlinie zu verbinden, so erhielt ich die Werthe für die Schwankungen der Respiration. Sie betrugen 1,6 bis 6,4 Mm. Wasser. Vielleicht ist an diesen im Gegensatz zu Jolly's Befunden stehenden Resultaten die Aenderung am Zuleitungsrohr schuld, die ich bei meinen Versuchen vorgenommen habe. Durch das weitere Schädelrohr war es hauptsächlich möglich, auch die Pulsschwankungen der erwähnten kleinen Arterien auf die Quecksilbersäule des Manometers wirken zu lassen. Liegt das Gehirn im andern Fall fest der Platte an, so können diese Gefässe denkbar comprimirt werden, und die verzeichneten Pulsschwankungen wären dann das reine Resultat der systolischen Massenzunahme des Gehirns. Für meine Zwecke war die erste Methode die bessere.

Als Leitung benutzte ich ein dünnes biegsames Bleirohr mit möglichster Vermeidung aller elastischen Röhren, nur an zwei Stellen, wo Quetschhähne angebracht werden mussten, waren kleine Stückchen von Gummischlauch eingeschaltet. Ich ging dabei von der Ansicht aus, dass bei der Elasticität angewandter Gummischläuche jedenfalls ein Theil der stattfindenden Schwankungen auf diese und nicht auf das Manometer übertragen werden würde. Besonders für die weniger energischen Pulswellen hatte ich diese Befürchtung.

Auch an den auf die beschriebene Weise gezeichneten Curven
haben wir, fast ähnlich wie bei den von der Arterie des Pferdes
gewonnenen, verschiedene Verhältnisse zu beobachten, die alle unter
dem Einfluss des Innervationszustandes vasomotorischer Fasern alterirt werden können.

Vor Allem spielt der Gehirndruck, als Product aller zur Wirkung kommenden Factoren, die erste Rolle. Ich nehme dabei an,
dass der Gehirndruck steigt in geradem Verhältniss zu der Füllung
und Spannung der Arterien des Gehirns. Nach den Untersuchungen
von Jolly, Leyden, Althann ist diese Annahme jedenfalls
gerechtfertigt. Einflüsse, welche den Blutdruck im Gehirn steigerten
oder herabsetzten, hatten nachweisbar auch Steigerung oder Herabsetzung des Gehirndruckes zur Folge, und Jolly hat, was für unsere Versuche von besonderem Werthe ist, durch Reizung des Kopfendes des durchschnittenen Sympathicus eine geringe Erhöhung des
Gehirndruckes hervorgerufen. [65])

Wie bei der arteriellen Pulscurve haben wir an den Excursionen
und der Form der Pulswellen einen Maassstab für den Spannungsgrad der Arterie; durch Vergleichung mit normalen Wellen und
durch Beachtung der Proportion zwischen Athmungs- und Pulsschwankungen können wir in dieser Beziehung gewisse Schlüsse
ziehen. Die Methode ist hinlänglich fein, um auch geringe Veränderungen der Pulswellenform beobachten zu können und wir
werden sehen, dass es gelang, durch bestimmte Galvanisations-
methoden solche in ganz bestimmter Form herbeizuführen.

In der graphischen Darstellung der Gehirndruckcurven besitzen
wir gleicherzeit ein Mittel, um die Frage von den erregenden Herzfasern im Sympathicus wieder einer Beobachtung zu unterziehen.

Die Operation der Trepanation ging in der Regel fast ohne
Blutverlust von Statten, die zur Reizung bestimmten Nerven waren
am Halse schon vorher blossgelegt und mit Fadenschlingen versehen,
das Thier lag auf der unverletzten Seite, in manchen Fällen auch
in Rücken- oder Bauchlage, den Lidhalter im Auge der zur Untersuchung bestimmten Seite. Die Narkose war natürlich besonders
zu beachten, jede Bewegung, die das Thier mit dem Kopfe ausführte, konnte verhängnissvoll für die Curve sein.

Die Anordnung der elektrischen Apparate war genau dieselbe,
wie bei den Pupillenversuchen und die Reizungen wurden so lange
fortgesetzt, als die Narkose es erlaubte. Nach dem Versuch tödtete
ich die Thiere in der Regel, nachdem ich bei dem Bestreben, sie

---

65) l. c. p. 39.

für einen zweiten Versuch am Leben zu erhalten, einigemal grosse Abscesse und Gehirngangrän beobachtet hatte.

Was die Pupille betrifft, so reagirte dieselbe regelmässig bei faradischen Reizungen, der Rollenabstand, der zur Hervorrufung der Pupillenreaction erforderlich war, wurde als erste Reizgrösse auch zur Beobachtung des Gehirndruckes angewandt.

Beim constanten Strom zeigte sich während aller Versuche niemals eine Reaction, auch bei hohen Stromstärken. Möglicherweise liegt der Grund dieses ganz negativen Befundes darin, dass zuerst applicirte faradische Ströme die ohnehin so leicht verschwindende galvanische Erregbarkeit vernichtet hatten.

Die Frage, ob der Halssympathicus wirklich das Gebiet der Carotis interna innervirt, kann ich ebensowenig beantworten, als dies schon für andere Species zur Genüge bewiesen ist. Meine Erfolge der Sympathicusreizung, in denen ein Einfluss nicht zu verkennen war, sprachen in mancher Beziehung dafür. Keineswegs machen sie es aber unwahrscheinlich, dass die vasomotorischen Fasern der Gehirngefässe zum Theil nicht auch aus anderen Bahnen, als dem Sympathicus stammen.

Da es interessant sein dürfte, einen Ueberblick über die verschiedenen Formen zu bekommen, in denen sich uns die Gehirndruckcurven repräsentiren, und da ich ausserordentlich verschiedene und schwer unter eine Uebersicht zu bringende Erscheinungen beobachten konnte, ziehe ich es vor, einzelne der gelungenen Curven hier wiederzugeben und bei jeder eine kurze Erläuterung hinzuzufügen.

Nr. 1.*)

Den Anfang möge eine völlig unbeeinflusste Normalcurve bilden. Weitere Erklärung derselben ist überflüssig. Die verschieden hohen Respirationswellen entsprechen tieferer oder seichterer Respiration. Auch an den Pulswellen machen sich merkbare Differenzen geltend, möglicherweise nicht ohne Einfluss der Narkose, die bei Aufnahme der Curve zu Anfang eines Versuchs noch ungleich und unvollständig gewesen sein mag.

I. Faradisation des isolirten Sympathicus.

Nr. 2.

Stromdauer 10 Secunden. Gehirndruck steigt unbedeutend, geht nach der Reizung wieder zurück. Pulsschwankungen werden bei Eintritt des

---

*) Diese und alle folgenden Curventafeln finden sich unter den entsprechenden Nummern auf Tafel II. Leider war es wegen zu grosser Feinheit der Originalcurven nicht möglich, dieselben in ursprünglicher Grösse wiederzugeben. Die Zeichnungen auf Tafel II repräsentiren dieselben in 3facher Vergrösserung (mithin 30fache Vergrösserung der wirklichen Druckverhältnisse).

— 64 —

Stroms ganz niedrig. Die Athmungscurven, vorher deutlich, verschwinden; dann wieder grössere Pulse mit Athmungserhebungen, am Schluss der Reizung wieder kleinere, nach Oeffnung ganz kleine Pulswellen.

Nr. 3.

Stromdauer 9″. Gehirndruck sinkt während der Stromdauer um 0,4 Mm. Hg. Nach Oeffnung bleibt der Druck sich gleich, unbedeutend unter der Norm. Die Pulsschwankungen bleiben unverändert, einigemal etwas niedrigere Wellen.

Nr. 4.

Stromdauer 9″. Ganz unbedeutendes Ansteigen des Gehirndruckes, gegen Ende der Reizung nähert sich dieser wieder der Norm. Der vorher schon bestehende Dicrotismus wird während der Reizung stärker ausgesprochen. Die Pulswelle ist durchweg niedriger als vor der Faradisation und bleibt auch nach dieser so.

Nr. 5.

Stromdauer 10″. Gehirndruck steigt im Anfang der Reizung um 0,5 Mm. Hg. Pulswellen sind schlecht gezeichnet, im Anfang schien die Reibung der Feder am Papier zu stark zu sein, gegen Ende der Faradisation treten ganz minimale Pulswellen auf. Narkose mangelhaft. Nach Oeffnung sinkt der Druck wieder.

Nr. 6.

Stromdauer 5″. Der Gehirndruck sinkt während der Reizung allmählich um 0,4 Mm. Hg. Anfangs grössere, später ganz niedrige Wellen. Auch nach der Stromöffnung eine Zeit lang ganz niedrige Pulswellen, die aber bald wieder hoch werden.

Nr. 7.

Stromdauer 7″. Steigen des Gehirndrucks um 0,2 Mm. Hg. Im Verlauf der Reizung sinkt der Druck wieder, kurz nach Stromöffnung noch etwas mehr.

Die Pulswellen werden anfangs deutlicher, die Gipfel auffallend spitz, dann aber wieder niedriger. An der Originalcurve ist mit der Loupe unbedeutender Dicrotismus zu erkennen.

Was den Gehirndruck selbst betrifft, so fand ich denselben unter im Ganzen 8 faradischen Reizungsversuchen 5 mal während der Stromdauer gesteigert. 3 mal war ein unbedeutendes Absinken zu beobachten. Alle Schwankungen jedoch im negativen und positiven Sinn waren höchst unbedeutend und entsprachen in ihrem Maximum einer Differenz von 0,5 Mm. Quecksilber. In den 5 Fällen, in denen ein positives Resultat beobachtet wurde, ist dasselbe trotz seiner Geringfügigkeit doch deutlich auf den ersten Blick ersichtlich, und es wird bei den fraglichen Versuchen einigermassen wahrscheinlich gemacht, dass es möglich ist, durch Erregung der sympathischen

vasomotorischen Fasern einen erhöhenden Einfluss auf den Blutdruck
und durch diesen auf den Gehirndruck zu üben. Noch mehr gewinnt diese Vermuthung an Wahrscheinlichkeit, wenn wir die Form
der einzelnen Pulsschwankungen vor, während und nach dem Durch-
fliessen des Stromes einer Vergleichung unterziehen. In allen 8 Fällen machten sich in dieser Beziehung gewisse Veränderungen geltend.
Namentlich ist es eine fast constante Erscheinung, dass die Pulswellen niedriger, die Excursionen der Arterienwand, die sich auf
die Gehirnmasse übertragen, also geringer werden. Dass wir ein
Recht haben, aus dieser Erscheinung auf einen vermehrten Tonus
der Gefässwand zu schliessen, wurde oben schon einigemal bei anderen Gelegenheiten angedeutet. Auch in dieser Beziehung zeigen
unsere mit dem Hebelmanometer gewonnenen Curven ähnliches Verhalten, wie die mit dem Hämatodynamometer direct gewonnenen
Curven des Blutdrucks.

Die Unterschiede in der Qualität der Pulserhebungen treten in
verschiedener Weise ein, einigemal momentan mit dem Beginn des
faradischen Stromes, anderemal allmählich während der Stromdauer.
Auch nach Oeffnung der Kette können wir sie einigemal beobachten
und so eine Art von Nachwirkung der Faradisation erkennen. Ueber
den hier und da auftretenden Dicrotismus, der einmal, schon vor der
Reizung vorhanden, während dieser verstärkt wurde, einmal erst
während derselben auftrat, will ich noch keine Vermuthung aufstellen. Jedenfalls steht er in nachweisbarem Zusammenhang mit
dem Spannungsgrad der Arterie. Ein grösseres Material kann erst
die Frage entscheiden.

Durch die Ergebnisse der faradischen Reizversuche ist mit ziemlicher Sicherheit der Beweis geliefert, dass im Halssympathicus der
Katze vasomotorische Fasern für die intracraniellen Gefässe verlaufen. Zu gleicher Zeit machen uns aber die verhältnissmässig
geringen Reizeffecte darauf aufmerksam, dass wahrscheinlich nur
ein kleiner Theil der vasomotorischen Fasern durch den Sympathicus
verläuft. Wären sämmtliche Gefässe der einen Hemisphäre durch
die faradische Reizung tetanisirt, so müssten die Ausschläge an der
Trommel des Kymographions viel bedeutendere sein. (Von einem
zweiten Grund dieser geringen Resultate wird weiter unten die
Rede sein.)

In Bezug auf die Herzfrequenz war es mir nicht möglich, irgend
Etwas zu constatiren. In häufigen Fällen war es nicht gut möglich,
die Pulswellen auf der Curve mit einiger Zuverlässigkeit zu zählen,
in anderen liess sich kein Unterschied zwischen der Pulsfrequenz

vor, während und nach der Reizung bemerken. Dass zwischen den positiven Befunden sich auch einige vollständig negative befinden, dass sogar statt des erwarteten Steigens des Gehirndruckes sich ein Sinken desselben während der Faradisation unbestreitbar einstellt, wird kein Grund sein, meine Resultate zu bestreiten. Noch eine grosse Zahl von Einzelreizungen wird nöthig sein, bis sich allgemeine Regeln über die untersuchte Frage werden aufstellen lassen. Meine Arbeit kann und will für nichts Anderes gelten, als für vorläufige Untersuchungen, deren Vervollständigung ich mir vorbehalte.

II. Galvanisation des isolirten Sympathicus.

Die Reizungen wurden mit Intensitäten von 10—40 Elementen meiner transportablen Batterie vorgenommen. Pupillenreaction trat dabei, wie schon erwähnt, niemals auf.

Nr. 8.

Minimale Pulswellen vor der Reizung. Stromdauer 7″. 10 Elem. ↕. Während der Stromdauer steigt der Gehirndruck um etwa 0,15 Mm. Hg., nach der Oeffnung noch mehr. (Fraglich, ob Stromwirkung.) Die Pulswellen verschwinden am Ende der Stromdauer fast ganz.

Nr. 9.

Vor Schluss des Stromes deutliche kleine Pulswellen. Mit Schluss eines Stromes von 40 Elem. werden diese noch kleiner, nehmen während der (6″) Dauer allmählich wieder zu. Nach der Stromöffnung zeigen sie wieder die ursprüngliche Höhe. Gehirndruck nicht alterirt.

Nr. 10.

Ausgezeichnet schöne hohe Pulswellen, je 6 einer Respirationswelle entsprechend. Schluss eines Stromes von 40 Elem. und 12″ Dauer. Die Pulswellen werden ganz allmählich niedriger; während sie anfangs Schwankungen von 0,5 Mm. Hg. zeigten, haben sie nach 8 Secunden der Stromeinwirkung nur noch ca. 0,1 Mm. Hg. Excursion. Gegen Ende der Reizung werden sie wieder etwas höher, nach Beendigung derselben erreichen sie rasch eine Höhe von 0,4 Mm. Der mittlere Gehirndruck ist während der Stromdauer ganz schwach gestiegen.

Nr. 11.

Die nämliche Curve (10) fortgesetzt. Wieder Strom von 40 Elem. und 8″ Dauer. Keine Spur der beim vorigen Versuch beobachteten Erscheinungen.

Nr. 12.

Minimale Pulswellen. Während eines 9″ lang einwirkenden Stromes von 40 Elem. steigt der Gehirndruck um etwa 0,2 Mm. Hg. langsam an. Die Wellen werden am Ende der Stromdauer etwas höher und zeigen leichte Athmungserhebungen.

Nr. 13.

Geringes Sinken der ersten Respirationswelle nach Schluss eines Stroms von 40 Elem. Sonst keine Veränderung.

Nr. 14.

Während der 8" dauernden Einwirkung eines Stroms von 20 Elem. deutliches Steigen des Gehirndruckes. Die Pulswellen werden ganz minimal, dann treten sie wieder deutlich und sehr spitz mit ausgesprochenem Respirationstypus auf. Nach Oeffnung des Stromes wieder ganz niedrige Pulswellen.

Bei der Galvanisation fand sich unter 11 Versuchen 3 mal gar keine bemerkenswerthe Veränderung während der Stromdauer. Der Gehirndruck unterlag bei Weitem keinen solchen Schwankungen, wie bei der Faradisation. 4 mal ist ganz unbedeutendes Steigen des Druckes notirt, die Erhebung über die Norm beträgt dabei nur Bruchtheile eines Millimeters Hg. An der Form der auftretenden Pulswellen wurden verschiedene Aenderungen beobachtet. Schwankungen in der Excursion der Pulswellen gehören zu den regelmässig auftretenden Erscheinungen. Dieselben sind in ihrem Charakter zu wenig übereinstimmend, als dass ich wagen könnte, ihnen eine bestimmte Bedeutung beizumessen; die verschiedenen in dieser Hinsicht beobachteten Alterationen sind am besten an den einzelnen Curven zu studiren, und sei hiermit auf diese verwiesen.

Trotzdem, dass bei der Anwendung des constanten Stromes die gewonnenen Resultate noch dürftigere sind, als beim faradischen, ist doch eine gewisse Wirkung der Galvanisation in den meisten Fällen nicht zu verkennen. Fast während jeder Reizung treten irgend welche, wenn auch minimale Veränderungen und Eigenthümlichkeiten auf, die bei unbeeinflussten Curven nicht statthatten. Dass an Reflexvorgänge nicht zu denken ist, habe ich oben schon versichert. Die Narkose — oft 2—3 Stunden andauernd — wurde während der Reizversuche genau beobachtet und Bewegungen des Thieres hätten nachweisbar auch viel gröbere Störungen der Curvenzeichnung zur Folge gehabt, als sie durch die geringen während der Dauer des galvanischen Stroms auftretenden Veränderungen repräsentirt wurden.

Eine Schliessungs- und Oeffnungsreaction fand sich während der ganzen Versuchsreihe niemals. Wohl wird durch dieselbe aber die Möglichkeit eröffnet, dass das ruhige Fliessen des Stromes gewisse Einflüsse auf die vasomotorischen Fasern haben könne. Mit annähernder Sicherheit ist hierüber natürlich noch keine Vermuthung auszusprechen, aber Grund zu weiteren Untersuchungen ist jeden-

falls vorhanden. Auf die Pulsfrequenz hatte die Galvanisation niemals eine nachweisbare Einwirkung.

Die graphische Methode schien mir, nachdem ich mich mit derselben vertraut gemacht hatte und die Technik vollständig be-
herrschte, so ausserordentlich praktisch und instructiv, dass ich auch
die Einwirkungen einzelner anderer Reizmethoden durch dieselbe
untersuchte; die Resultate mögen folgen:

III. Faradisation des isolirten Vagus.

Der undurchschnittene Vagus liegt auf den Elektroden. Ein
mässig starker faradischer Strom wird durch den Nerven geleitet.

Nr. 15.

Vor der Reizung sind kleine niedrige Pulswellen mit erkennbaren Respirationswellen sichtbar. Bei Eintritt des Stroms steigt der Gehirndruck
plötzlich um 1,1 Mm. Hg. Die Pulswellen werden gross, langsam und
exquisit dicrotisch, so dass jeder Puls aus einem spitzen und einem
stumpfen Wellengipfel zu bestehen scheint. Der Dicrotismus hat den aus-
gesprochenen Charakter einer katacroten Rückstosselevation. Elasticitäts-
schwankungen sind weniger zu beobachten, doch auch hier und da zu
vermuthen. Es ist vielleicht praktisch, bei dieser Gelegenheit zu bemerken,
dass man das Bild der Pulswelle anschaulicher erhält, wenn man die
durch das Hebelmanometer gezeichneten Curven umdreht und von Rechts
nach Links liest.

Bei Oeffnung des Stroms geht die Curve wieder auf ihre alte Höhe
zurück. Das Thier war während des Versuches ruhig, die Athmung schien
nicht gestört. Ein gleich darauf angestellter zweiter Versuch mit der
nämlichen Stromstärke hatte das gleiche Resultat. [1]

---

1) Leider hatte ich nicht mehr Gelegenheit, die eigenthümliche auf die Curve
bei Vagusreizung verzeichnete Erscheinung weiter durch Nervendurchschnei-
dungen etc. experimentell zu untersuchen und kann ich deshalb über ihr Zustandekommen nur Vermuthungen aufstellen: Die Steigerung des Blutdrucks
im Gehirn mag ihre Erklärung möglicherweise darin finden, dass sie auf collate-
ralem Wege in Folge der Erhöhung des Exspirationsdruckes im Thorax, vielleicht auch durch Erregung vasomotorischer Fasern für die Lunge, wie sie im
Vagus verlaufen, und durch Contraction der Muscularis der Bronchien zu Stande
kam. Die Pulsverlangsamung ist Folge der Reizung hemmender Herzfasern im
Vagus. Für den Katacrotismus dürfte die Verminderung der Herzkraft und die
Vermehrung der Widerstände in dem abnorm blutreichen Capillargebiet anzuführen sein. Die Arterienwandungen sind dabei nicht tonisch innervirt, möglicherweise durch Thätigkeit des N. depressor sogar abnorm erschlafft und
werden unter dem Einfluss rückläufiger Wellen stärkere Excursionen machen.
Deshalb vielleicht auch die geringe Elasticitätselevation?

IV. Galvanisation des Nervus vagus.

Nr. 16.

Langsames Ansteigen des Gehirndruckes während der Stromdauer.
Pulswellen sind nicht sichtbar. Wenn der Nerv durch Volta'sche Alternativen bei 40 Elem. tetanisirt wird, so treten plötzlich grosse pulsato-
rische Schwankungen auf, die nach Aufhören des Tetanus wieder verschwinden. Pulsverlangsamung wird dabei nicht beobachtet.

V. Gleichzeitige Faradisation von Vagus und Sympathicus.

Unter 5 Fällen steigt der Gehirndruck während der Stromdauer
4 mal, dabei 2 mal sehr bedeutend. Diese Erhöhung des Druckes
ist aller Wahrscheinlichkeit nach wirklich combinirte Wirkung beider
Nerven. Die Pulsschwankungen zeigen sehr verschiedenes Verhalten,
der bei der Faradisation des isolirten Vagus auftretende Dicrotismus
wird aber nicht beobachtet, wohl weil wegen gleichzeitiger vasomotorischer Anspannung der Gefässwand jetzt die Rückstosselevation
nicht mehr auftreten kann. Pulsverlangsamung ist einigemal notirt;
die Vaguswirkung überwiegt also, wie auch v. Bezold dargethan
hat, in Bezug auf das Herz die Sympathicuswirkung. Pupillenreaction
trat regelmässig sein.

Die sämmtlichen über den Vagus angestellten Versuche dürften
wohl zu weiteren Untersuchungen veranlassen. Die Methode, die
uns die Mittel an die Hand gibt, die Pulsschwankungen kleiner
Arterien am Thier mit ausserordentlicher Genauigkeit zu registriren,
ist zu solchen Versuchen wohl vor allen anderen geeignet.

Es ist bekannt, dass Du Bois-Reymond, als er nach Beobachtungen an sich selbst die Theorie der Hemicrania sympathico-
tonica aufstellte, an Brown-Séquard [66]) einen entschiedenen Geg-
ner fand. Dieser bestreitet zuerst die Schmerzhaftigkeit der tetani-
schen Contraction der Gehirngefässe. Bei Thieren habe nach ihm
Sympathicusreizung niemals Hemikranie zur Folge. Auch Hunde
und Katzen sollen nicht bei Sympathicusreizung schreien. Dass bei
letzteren Thieren, falls sie bei Bewusstsein sind, die faradische Reizung des Halssympathicus sehr häufig Schmerzensäusserungen und
regelmässig Abwehrbewegungen ungestümer Art hervorruft, hatte
ich Gelegenheit öfter zu constatiren, wenn meine Thiere aus der
Narkose erwachten. Auch bei Pferden stellten sich bei höheren
Stromstärken Reflexbewegungen ein.

---

66) Brown-Séquard, Journal de la physiol. norm. et path. Tome IV.
1861. p. 137.

Allerdings ist damit nicht bewiesen, dass die Schmerzensempfin-
dung, die der Grund dieser Reactionen ist, nach der Du Bois'schen
Ansicht in den sensiblen Fasern der arteriellen Muscularis selbst
entsteht, nicht einmal, dass der Schmerz seinen Sitz im Kopfe hat
und dass er nicht (bei undurchschnittenen Nerven) aus der Reizung
sensibler Sympathicusfasern für Brust und Bauch resultire.

Auf der anderen Seite sucht Brown-Séquard geltend zu
machen, dass nach Analogie mit physiologischen Reizungsversuchen
gleichzeitige Erregung aller Fasern eines Sympathicus keine Migräne
mehr hervorrufen würde, sondern epileptischen Schwindel.

Die Versuche, auf die sich Brown-Séquard stützt, sind wohl
die von Kussmaul und Tenner[67] über Ursprung und Wesen
der fallsuchtartigen Zuckungen angestellten Experimente.

Die genannten Forscher setzten bei ihren Reizversuchen schon
voraus, dass der Sympathicus nicht der einzige Gefässnerv des
Gehirns sei, dass seine Reizung also nicht tetanische Anämie einer
ganzen Gehirnhälfte hervorrufen könne.

In den 3 Fällen, in denen die eine Carotis unterbunden und
der Sympathicus der anderen Seite gereizt wurde, beobachteten
Kussmaul und Tenner nur einmal Erblassen des Augenhinter-
grundes, maximale Pupillenerweiterung, Exophthalmus, Opisthotonus
und Zuckungen in den nicht gefesselten Hinterbeinen (am Kaninchen). Nach Wegnahme der Elektroden verschwanden die Symptome,
das Thier blieb aber in einem ohnmachtähnlichen Zustand. Ein
zweiter Reizversuch gelang, ein dritter nicht mehr.

Bei meinen doch in grosser Anzahl ausgeführten Faradisations-
versuchen erhielt ich niemals Convulsionen oder Aehnliches, wenn
nur ein Sympathicus gereizt wurde. Allerdings waren im Gegensatz
zu Kussmaul und Tenner bei meinen Versuchen die Carotiden
intact. Meiner Ansicht nach braucht also eine Contraction sämmtlicher Sympathicusfasern der einen Seite, wie sie Du Bois-Reymond bei der tonischen Hemikranie annimmt, durchaus nicht von
Convulsionen gefolgt zu sein. Nichtsdestoweniger halte ich es für
unwahrscheinlich, dass beim hemikranischen Anfall die sämmtlichen
Sympathicusfasern eines Halsstranges in Mitleidenschaft gezogen
sind, es spricht im Gegentheil der häufige Wechsel und die bestimmte Localisation des Schmerzes dafür, dass nur einzelne Faser-
gruppen sich im Zustand der Reizung befinden. Aehnlich erkläre
ich mir das häufige Fehlen analoger Erscheinungen an den äusseren

67) Moleschott's Untersuchungen Bd. III. 1857.

Kopfarterien während sonst deutlich charakterisirter hemikranischer Anfälle. Der häufige Mangel pupillärer Erscheinungen, das oft eintretende rasche Ueberspringen von einer Kopfhälfte zur anderen scheint mir ferner dafür zu sprechen, dass es häufige Fälle von Hemikranie gibt, die ihren Sitz nicht im Halssympathicus, sondern in der Medulla und deren sympathischen Centren haben. Bei den allermeisten meiner Kranken bestand wenigstens das erwähnte Ueberspringen von der einen auf die andere Kopfhälfte als regelmässige Erscheinung und wenn auch Irradiationsvorgänge zur Erklärung herbeigezogen werden könnten, so bin ich doch der Ansicht, dass oft ein centraler Locus morbi existirt. Auch die erbliche Disposition, die Aehnlichkeit, die sich zwischen der Hemikranie und anderen hereditären Neurosen findet, sprechen für diese Ansicht.

Auch Althann hat sein Bedenken gegen die Hemicrania sympathico-tonica. An Brown-Séquard sich anschliessend, geht er weiter und nimmt an, dass die postulirte Gefässcontraction eine vollständige Unterbrechung der Circulation der einen Gehirnhälfte und Absterben dieses Gehirntheils zur Folge haben müsse, und dass diese Mortification unter Umständen sehr rasch vor sich gehen könne.

Auch hier ist zu entgegnen, dass ein hemikranischer Anfall erstens kein Tetanus eines ganzen Sympathicusgebietes zu sein braucht, und zweitens, dass experimentell auch durch eine solche die Lebensfähigkeit des Centralorgans nicht in dem Grade gefährdet ist, wie Althann es anzunehmen geneigt ist.

Nachdem ich bei keinem meiner Versuche einseitiger Sympathicusreizung Convulsionen oder ähnliche Erscheinungen hatte auftreten sehen, machte ich den Versuch, beide Sympathici zu gleicher Zeit zu tetanisiren.

VI. Doppelseitige Faradisation der NN. sympathici.

In 4 angestellten Versuchen steigt der Gehirndruck rasch und bedeutend, um dann noch während der Stromdauer wieder zu sinken. Die Drucksteigerung beträgt etwa 1,0 Mm. Hg. Zweimal sieht man während der Reizung die Pulswellen niedriger werden. In 3 Fällen ist die Pulsfrequenz herabgesetzt. (Erregung hemmender Vagusfasern durch Anämie der Medulla?) Dreimal sind die Pulswellen nach Oeffnung der Kette ausserordentlich flach und undeutlich (Erschöpfung des arteriellen Tonus oder herabgesetzte Herzkraft durch Vaguserregung). In allen 4 Fällen treten aber in tiefster Narkose des Thieres Convulsionen auf und zwar klonische Streckkrämpfe der Hinterfüsse und starker Opisthotonus.

Die Versuche haben für uns verschiedenes Interessante: Sie
beweisen uns, dass eine starke Erhöhung des Druckes in der
Schädelhöhle, die wir mittelst einseitiger Sympathicusreizung nicht
hervorrufen können, möglich ist, wenn wir beide Nerven reizen. Bei
einseitiger Reizung sind die sämmtlichen collateralen Bahnen der
unverletzten Kopfseite dem Blut zugänglich, sie bieten weniger
Widerstände dar als die contrahirten Gefässe der gereizten Seite,
es wird also eine etwa auftretende Drucksteigerung sich mit
Hülfe der Capillaren und Venen der unverletzten Seite rasch aus-
gleichen können. Wir sind ferner jetzt nicht mehr ausschliesslich
auf die Annahme angewiesen, die uns durch ungenügende Resultate
der einseitigen Reizungsversuche so nahe gelegt wurde, dass nämlich der Sympathicus nur in geringem Grade oder in einem geringen
Bezirke auf die Gefässe innerhalb der Schädelhöhle wirke. Obgleich
die Existenz anderer ausserhalb des Sympathicus verlaufender vasomotorischer Fasern für den Menschen sowohl, als für alle Versuchsthiere sehr wahrscheinlich, für einige der letzteren sogar bewiesen
ist, so erscheint uns die Möglichkeit und Zulässigkeit von Versuchen,
wie ich sie im Vorstehenden mitgetheilt habe, jetzt doch nicht mehr
in dem Grade durch den erwähnten Umstand gefährdet. Gefäss-
unterbindungen und gleichzeitige Nevenreizungen werden uns jetzt
Mittel sein, um den Blutdruck in exacterer Weise in seinen Beziehungen zum N. sympathicus zu untersuchen.

Ich bin am Schlusse. Wenn es üblich ist, bei dieser Gelegenheit noch eine kurze Zusammenstellung des Erreichten zu geben,
so befinde ich mich einigermaassen in Verlegenheit. Der Schluss des
Semesters und der Mangel an weiterem Versuchsmaterial setzte
meiner Arbeit Grenzen, bevor ich zu einem befriedigenden Abschluss
gekommen war.

Vor allen Dingen sei es ferne von mir, aus dem Gefundenen
schon jetzt therapeutische Schlussfolgerungen zu ziehen. Die Untersuchungen über Blutdruck, Gehirndruck, Pupille berechtigen dazu
noch nicht, sie sollten nur den Grund legen, auf dem weitere Ver-
suchspläne aufgebaut werden können. Nicht einmal diesen Zweck
habe ich nach fast einjähriger Arbeit erreicht. Im Gegentheil eröffnen sich gerade noch über die Nerveneinwirkung auf den Gehirndruck eine Anzahl von Fragen, die alle, wenn auch kein speciell
therapeutisches, doch ein allgemein pathologisches Interesse haben.

Das, was vielleicht nicht ganz mit Unwahrscheinlichkeit aus unseren Versuchen hervorgeht, und was zu gleicher Zeit geeignet wäre, einige physiologische Streiflichter auf die Elekrotherapie des Sympathicus zu werfen, wurde zum Theil schon am Schlusse der einzelnen Abschnitte angedeutet.

Wir sahen dort den verhältnissmässig unerwartet geringen Einfluss der einseitigen Sympathicusgalvanisation auf Blut- und Gehirndruck.

Wir constatirten, dass es uns noch nicht möglich sei, einen den Erscheinungen des „Zuckungsgesetzes" gleichzusetzenden Vorgang mit der nöthigen Exactheit am Halssympathicus hervorzurufen.

Wir erhielten schliesslich — besonders bei den Versuchen über Reizung des undurchschnittenen Vagus — aufs Neue den Beweis, dass bei der therapeutischen „Galvanisation des Sympathicus" eine Anzahl von Factoren zur Thätigkeit kommen müssen, deren Effect unter Umständen im höheren Grade alterirend auf Gehirncirculation und Blutdruck einwirken kann, als die elektrische Reizung des Halssympathicus selbst.

Auf diese Punkte möchte ich hier noch einmal zurückweisen.

München, September 1875.

Erklärung der Tafeln.

Tafel I. Blutdruckcurven vom Pferd. Die Stromdauer entspricht der unter der Curve gezogenen Linie von S (Schliessung) bis Ö (Öffnung). — Die Curvenzeichnung in natürlicher Grösse.

Tafel II. Gehirndruckcurven von der Katze. Reproduction der Curven in Originalgrösse war, wie schon erwähnt, leider nicht möglich, die lithographirten Zeichnungen entsprechen einer dreifachen Vergrösserung derselben, mithin einer dreissigfachen Vergrösserung der wirklichen Verhältnisse. Die Erklärung der einzelnen Curven findet sich in Abschnitt V unter den entsprechenden Nummern der Versuche. Die Einwirkung der elektrischen Reizung dauert bei jeder einzelnen Curve von S bis Ö.

www.ingramcontent.com/pod-product-compliance
Lightning Source LLC
Chambersburg PA
CBHW022000190326
41519CB00010B/1340